Sammlung Göschen

Das Tierreich

V

Insekten

Von

Dr. J. Groß
in Neapel (Stazione Zoologica)

Mit 56 Abbildungen

Berlin und Leipzig
G. J. Göschen'sche Verlagshandlung G. m. b. H.
1912

Druck der Spamerschen Buchdruckerei in Leipzig

Inhaltsverzeichnis.

Literaturverzeichnis.

Brehms Tierleben. 9. Band. Insekten. 3. Aufl. Leipzig und Wien 1892.

V. Graber, Die Insekten. München 1877—1879.

L. F. Henneguy, Les Insectes. Paris 1904.

J. F. Judeich und H. Nitsche, Lehrbuch der Mitteleuropäischen Forstinsektenkunde. Berlin 1895.

H. J. Kolbe, Einführung in die Kenntnis der Insekten. Berlin 1893.

A. S. Packard, Text book of Entomology. London 1898.

D. H. R. Schlechtendal u. Otto Wünsche, Die Insekten. Leipzig 1879.

E. Taschenberg, Die Insekten nach ihrem Schaden und Nutzen. Leipzig 1882.

Einleitung.

Unter allen heute existierenden Tierklassen sind die Insekten die vielgestaltigste und artenreichste. Man schätzt die Zahl der bereits beschriebenen Tierarten auf ungefähr 300 000, und davon gehören zu der einen Klasse der Insekten gegen 250 000, also mehr als vier Fünftel der Gesamtmenge. Die Insekten sind über die ganze Erde verbreitet und fehlen auf dem festen Lande nirgends, wo überhaupt noch tierisches Leben möglich ist. Zwar ist der Reichtum an Arten in den Tropen am größten, aber auch im Schnee und Eis der Polarländer finden sich immerhin noch einige Vertreter der Klasse. Auch in den Hochgebirgen steigen die Insekten höher hinauf als die meisten anderen Tiere, bis über die Schneegrenze. Auch unterirdische Räume, z. B. Tropfsteinhöhlen, sind gewöhnlich von verschiedenen Insektenarten bevölkert. Ebenso treten solche ja auch in den Wohnungen von Mensch und Vieh als oft sehr lästiges Ungeziefer auf. Und über alle Ozeane verstreut finden sich Insekten noch auf den kleinsten und abgelegensten Inseln. Bei weitem die Mehrzahl aller Arten ist an das feste Land gebunden. Nicht wenige aber leben, zum Teil allerdings nur als Jugendformen, auf und im Wasser von Flüssen, Bächen, Landseen, Teichen, Tümpeln und Pfützen, sowohl ober- als unterirdischen, bis herab zu den kleinen Wasseransammlungen in Blüten und Blättern tropischer Gewächse. Ja selbst das Meer entbehrt des Insektenlebens nicht ganz. In einem rings um die Erde reichenden Gürtel, der vom 20. Grade nördlicher und südlicher Breite begrenzt wird, finden sich auf allen Ozeanen die Halobatiden

(s. S. 130) oder Meerläufer, Wasserwanzen, die auf dem Meeresspiegel in ganz ähnlicher Weise umherlaufen, wie die bekannten Schreitwanzen (s. S. 130) auf der Oberfläche unserer Bäche und Teiche. Und auch in unseren Breiten beherbergt das Meer neben gelegentlichen Besuchern ständig wenigstens ein Insekt, einen kleinen Wasserkäfer, Ochtebius marinus (s. S. 127). Ferner lebt eine beträchtliche Anzahl von Insektenarten schmarotzend auf anderen Tieren, meist Säugetieren und Vögeln, als sog. Ektoparasiten. Hierher gehören die zahlreichen Läuse, Flöhe, manche Fliegen u. a. Endlich sind manche Insekten aus sehr verschiedenen Gruppen dazu übergegangen, ihr Leben, oder wenigstens die Jugendzustände, im Innern anderer Tiere zu verbringen, als echte Innenschmarotzer oder Endoparasiten, so viele Fliegenmaden, die Larven der Schlupfwespen usw.

Dieser Anpassung an die allerverschiedenartigsten Lebensverhältnisse entspricht natürlich eine ebenso große Verschiedenheit und Mannigfaltigkeit im Körperbau der einzelnen Insektentypen. Trotzdem stimmen sie alle in den wesentlichen Grundzügen des Baues und der Entwicklung überein. Es ist deshalb ganz unzweifelhaft, daß alle echten Insekten eine einzige natürliche, auf gemeinsamer Abstammung von denselben Vorfahren begründete Tierklasse bilden.

I. Stellung im System der Tiere.

Die Insekten bilden eine Klasse im großen Stamm der Arthropoden oder Gliederfüßler.

Die Arthropoden sind bilateral symmetrische, heteronom segmentierte Tiere mit einem aus Chitin bestehenden Hautskelett und gegliederten Extremitäten.

Die in dieser wissenschaftlichen „Diagnose" des Tierstammes der Arthropoden vorkommenden Kunstausdrücke sind folgendermaßen zu verstehen:

Bilateral, oder zweiseitig symmetrisch nennen wir solche Tiere, die, wie die meisten höheren Tiere, und z. B. auch der Mensch, sich durch eine einzige von vorn nach hinten durch den Körper gelegte Hauptebene, die Median- oder Mittelebene in nur zwei spiegelbildlich gleiche Hälften, eine rechte und eine linke, zerlegen lassen. Ihnen stehen die radiär symmetrischen Tiere, wie Polypen, Quallen, Stachelhäuter gegenüber, deren Körper sich durch mehrere Hauptebenen in eine größere Zahl (z. B. 4, 5, 6, 8 usw.) gleichwertiger Stücke zerlegen läßt. Bei einem bilateral symmetrischen Tier dagegen trennt jede in anderer als der medianen Richtung durch den Körper gedachte Ebene ungleichartige Stücke. Jede Ebene z. B., die wir uns senkrecht zur Hauptebene und quer zum Längsdurchmesser durch ein bilateral symmetrisches Tier gelegt denken (Transversalebene), teilt den Körper in zwei ungleichartige Stücke, ein vorderes und ein hinteres. Eine ebenfalls senkrecht zur Medianebene, aber parallel zur Längsrichtung des Tieres gedachte Ebene (Frontalebene) scheidet wieder zwei ungleiche Hälften voneinander, die man wie beim Menschen als Rücken- oder Dorsal- und Bauch- oder Ventralhälfte zu bezeichnen pflegt. Bei jedem bilateral symmetrischen Tier, und also auch bei allen Arthropoden und jedem Insekt, müssen wir demgemäß vorn und hinten, rechts und links, dorsal und ventral unterscheiden.

Die zweite Eigentümlichkeit ihres Baues, die Segmentierung oder Gliederung, teilen die Arthropoden nur noch mit Ringelwürmern oder Anneliden und den Wirbeltieren oder Vertebraten, bei welch letzteren die Verhältnisse aber im Speziellen andere, eigenartige sind. Das Wesen der Segmentierung besteht darin, daß der Körper sich aus einer größeren Zahl hintereinandergelegener Stücke zusammensetzt, die sich nicht nur äußerlich, sondern auch in ihrem inneren Bau und der Ausstattung mit Organen, wesentlich gleich verhalten. Diese aufeinanderfolgenden Teilstücke des Körpers nennt man Segmente oder Ringel. Sie sind bei Anneliden und Arthropoden in der Regel auch äußerlich durch ringförmige Einkerbungen voneinander getrennt, was bei den Vertebraten nicht der Fall ist. Stimmen alle Segmente, bis auf das vorderste, welches Mund und Gehirn, und das letzte, welches den After enthält, in ihrer Organisation überein, so bezeichnet man die Segmentierung als homonom oder gleichartig. Eine soche weisen die Anneliden auf. Bei den Arthropoden dagegen sind immer wenigstens die vordersten, den Kopf bildenden Segmente durch besondere Eigentümlichkeiten von den übrigen, den Rumpfsegmenten, unterschieden. Meist sind sogar am Körper drei Regionen mit verschiedener Ausbildung der Segmente zu unterscheiden. Eine solche Art der Segmentierung führt daher den Namen der heteronomen oder ungleichartigen. Bei vielen Arthropoden kann außerdem im ausgebildeten Zustand die Segmentierung großenteils verwischt sein, indem nur noch wenige Organe die segmentweise Anordnung erkennen lassen, während die anderen nur in der Einzahl vorhanden sind, wie bei unsegmentierten Tieren. Beim Embryo der meisten Arthropoden werden aber alle Segmente, bis auf das erste und letzte, durchaus gleichartig ausgelegt. Die Verschiedenheiten gelangen erst im weiteren Verlauf der Entwicklung zur Ausbildung. Daraus dürfen wir schließen, daß die heteronome Segmentierung der Arthropoden durch höhere Differenzierung und Modifizierung im Verlauf der Stammesentwicklung aus der homonomen der Anneliden hervorgegangen ist.

Das Hautskelett oder der Hautpanzer dient sowohl zum Schutz und zur Stütze der Weichteile, als auch namentlich zur Anheftung der Muskeln. Er hat also ähnliche Aufgaben wie das Knochengerüst der Wirbeltiere. Während aber dieses im Innern des Körpers gelegen ist, hüllt der Hautpanzer das Tier von außen ein. Deshalb stellt man ihn als Haut- oder Exoskelett dem Innen- oder Endoskelett der Wirbeltiere gegenüber.

Unter Extremitäten oder Gliedmaßen verstehen wir bei den Arthropoden Körperanhänge, die der Fortbewegung, der Nahrungsaufnahme oder dem Tastsinn dienen. Auch hier finden wir wieder bei den Anneliden schon die Anfänge der Extremitätenbildung in Form der sogenannten Fußstummel oder Parapodien. Diese sind aber, wie ihr Name sagt, immer einfach stummelförmig. Die echten Extremitäten der Arthropoden sind dagegen stets deutlich gegliedert, d. h. aus mehreren bis zahlreichen Gliedern zusammengesetzt. Sie treten in verschiedener Ausbildung auf und danach unterscheidet man Antennen oder Fühler, Kiefer oder Freßwerkzeuge und Beine.

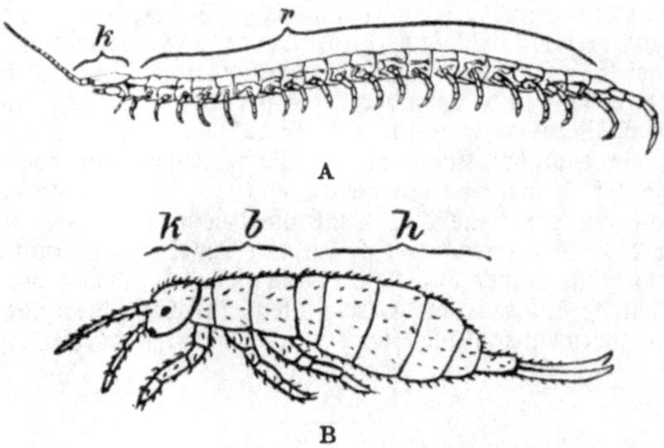

Fig. 1. Beispiele heteronomer Sugmentierung.
A Insekt (Springschwanz, s. S. 104), B Tausendfuß.

Der Stamm der Arthropoden läßt sich in 3 Unterstämme einteilen:

I. Crustacea (Krebstiere).
II. Arachnoidea (Spinnentiere).
III. Tracheata (Luftröhrentiere).

Die Tracheaten zeichnen sich von den Spinnen- und Krebstieren aus durch den Besitz eines einzigen Paares von Antennen (s. S. 12) durch ihre Atmungsorgane, segmental angeordnete Tracheen (s. S. 68) und durch ihre Harnorgane, die Malpighischen Gefäße (s. S. 65).

Sie zerfallen ihrerseits in 2 Klassen:

1. Myriapoda (Tausendfüßler).
2. Hexapoda (Insekten).

Der Hauptunterschied beider Klassen besteht in der sehr verschiedenen Ausbildungsweise der Segmentierung. Die Myriapoden lassen nur zwei verschieden gestaltete Körperregionen erkennen, den aus 4 Segmenten verschmolzenen, mit Antennen und Freßwerkzeugen ausgestatteten Kopf und den von nur wenigen (10) bis sehr zahlreichen (173) gleichartig gestalteten Segmenten gebildeten Rumpf (Fig. 1 A). Alle Rumpfsegmente mit Ausnahme des letzten, des Aftersegments, tragen Beine.

Bei den Insekten finden wir dagegen immer drei Körperregionen ausgebildet: 1. den Kopf mit Antennen und Mundwerkzeugen; 2. den Thorax oder die Brust mit 3 Beinpaaren (im ganzen also 6 Beinen, daher Hexapoda = Sechsfüßler); 3. das in der Regel extremitätenlose Abdomen oder den Hinterleib (Fig. 1 B). Die drei Regionen sind mehr oder weniger scharf durch tiefe Einschnitte voneinander gesondert. (Daher der lateinische und der griechische Name: Insecta und Entoma*) = die Eingeschnittenen, denen der deutsche: Kerbtiere oder Kerfe genau nachgebildet ist.)

Die fast homonome Segmentierung der Myriapoden erinnert noch an jene der Anneliden, weist also den niederen Zustand auf. Es ist deshalb interessant, daß bei den Insekten im Embryonalzustande noch immer an allen Segmenten des Abdomens, außer dem letzten, Anlagen von Extremitäten auftreten, die später aber in den allermeisten Fällen wieder rückgebildet werden.

II. Der Körperbau der Insekten.

1. Die äußere Form des Körpers und seiner Anhänge.

Wie die Entwicklungsgeschichte zeigt, besteht der Körper der Insekten ursprünglich aus 21 Segmenten. Von diesen kommen 6 auf den Kopf, 3 auf die Brust und 12 auf den Hinterleib. Von den 12 beim Embryo angelegten Hinterleibssegmenten sind aber fast nie alle beim ausgebildeten Insekt erhalten. Das 12. findet sich nur noch bei einigen Libellen

*) Hiervon wieder Entomologie = Insektenkunde.

(s. S. 110) und ist auch bei ihnen stark verkümmert. Auch das 11. Segment läßt sich nur noch bei wenigen erwachsenen Insekten nachweisen. Bei allen höheren Insekten verfällt auch das 10. Hinterleibssegment der Rückbildung, mitunter auch das 9.

A. Der Kopf (caput). Fig. 2 u. 3.

Die 6 beim Embryo deutlich getrennt angelegten Kopfsegmente verschmelzen immer völlig miteinander zu einer starren Schädelkapsel, so daß ihre Grenzen höchstens noch in Spuren zu erkennen sind. Der Hautpanzer ist am Kopf gewöhnlich sehr hart, so daß er einen trefflichen Schutz für das in seinem Innern gelegene Hirn darbietet. Nur an der Zahl und Anordnung seiner Anhänge läßt sich beim erwachsenen Insekt die Zusammensetzung des Kopfes aus Segmenten und deren Zahl erschließen.

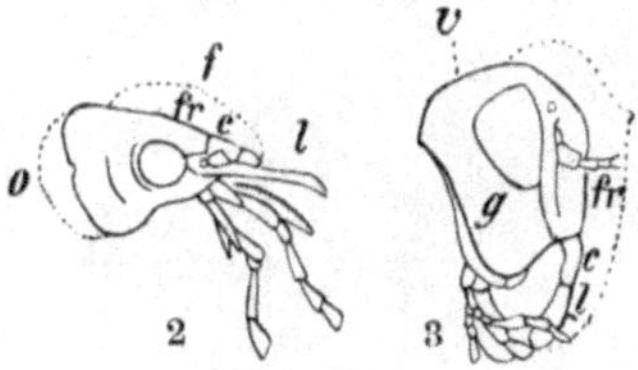

Fig. 2 u. 3.
Köpfe von Insekten. 2 Käfer; 3 Heuschrecke. o Hinterhaupt; v Scheitel; f Gesicht; fr Stirn; c Kopfschild; l Oberlippe; g Wange.

Am Kopf unterscheidet man, unabhängig von der Segmentierung, folgende Teile:

a) Das Hinterhaupt (o in Fig. 2) bildet den hinteren Abschluß des Kopfes und umgibt ringförmig das Hinterhauptsloch, durch welches Schlund, Schlundnerven usw. in die Kopfhöhle eintreten. Es kann gegen den Vorderkopf halsartig abgesetzt sein.

b) Der Scheitel (v in Fig. 3) grenzt auf der Dorsalseite nach vorn an das Hinterhaupt.

c) Das Gesicht (f in Fig. 2 u. 3) grenzt nach vorn an den Scheitel und bildet entweder seine geradlinige Verlängerung, liegt also in derselben Ebene mit ihm wie in Fig. 2 (prognathe Insekten, weil bei dieser Gesichtsstellung die Kiefer nach vorn gerichtet sind) oder ist gegen ihn rechtwinklig abgeknickt wie in Fig. 3 (hypognathe

Insekten, weil bei dieser Gesichtsstellung die Kiefer nach unten gerichtet sind).

Am Gesicht unterscheidet man wieder die Stirn (kr in Fig. 2 u. 3), an den Scheitel grenzend und zwischen den Augen gelegen; den Kopfschild (c in Fig. 2 u. 3.), in der Verlängerung der Stirn gelegen, aber meist deutlich von ihr abgegliedert; und die Oberlippe (l in Fig. 2 u. 3) in ähnlicher Lage zum Kopfschild, wie dieser zur Stirn.

d) Die Wangen (g in Fig. 3), die Seitenteile des Kopfes, werden hinten vom Hinterhaupt, oben von Scheitel, Augen, und Stirn begrenzt.

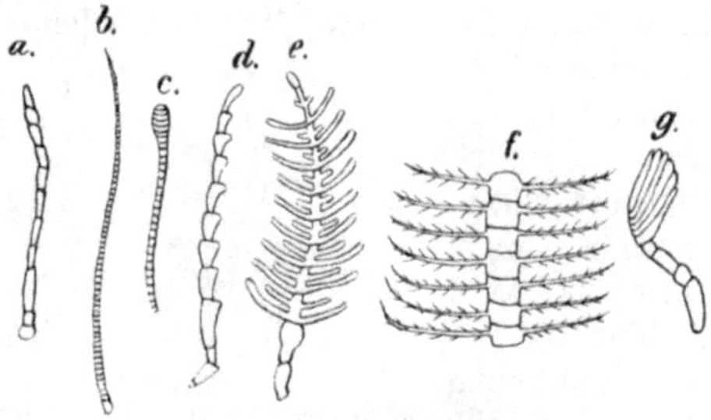

Fig. 4. Verschiedene Fühlerformen.
a fadenförmig; *b* borstenförmig; *c* keulenförmig; *d* gesägt; *e* kammförmig; *f* gefiedert; *g* geblättert.

e) Die Kehle, eine bald flache, bald gewölbte Platte, bildet die Ventralseite des Kopfes.

Der Kopf enthält die Mundöffnung und trägt die Augen und 4 Paare von Extremitäten, nämlich die Antennen und 3 Paar Mundwerkzeuge.

Die Antennen oder Fühler sind gewöhnlich zwischen den Augen eingelenkt und bilden längere, stets mehrgliederige (3 bis über 40 Glieder) Anhänge. Nach ihrer durch die Form der einzelnen Glieder bedingten Gestalt unterscheidet man:

a) Fadenförmige (a in Fig. 4). Alle Glieder sind gleich stark (z. B. Schlupfwespen und viele Käfer).

b) Borstenförmige (b in Fig. 4). Die Glieder nehmen zur Spitze hin an Größe ab (z. B. Bockkäfer, Heuschrecken).

c) Keulenförmige oder geknöpfte (c in Fig. 4). Einige Endglieder sind stark verdickt (z. B. alle Tagfalter).

d) Gesägte (d in Fig. 4). Die Glieder sind breit gedrückt und an einer Seite ausgezogen (z. B. manche Schnellkäfer).

e) Kammförmige (e in Fig. 4). Die Glieder sind an einer oder beiden Seiten länglich ausgezogen (z. B. die Männchen der Mücken).

f) Gefiederte. (f in Fig. 4.) Von jedem Gliede gehen nach beiden Seiten feine fiederförmige Fortsätze ab, die selbst wieder mit ähnlichen Fiedern besetzt sind. (z. B. die Männchen vieler Nachtfalter).

g) Geblätterte (g in Fig. 4). Die Endglieder tragen einseitige blattförmige Erweiterungen (z. B. Maikäfer, Hirschkäfer) usw.

Die Antennen sind, wie die Entwicklung lehrt, echte Gliedmaßen, dienen aber niemals zur Fortbewegung oder zum Greifen; sie sind vielmehr Organe des Tast- und Geruchssinnes.

Die Mundwerkzeuge oder Mundgliedmaßen sind ebenfalls Extremitäten, die aber in den Dienst der Nahrungsaufnahme treten und dementsprechend umgewandelt sind. Je nach der Ernährungsweise der verschiedenen Insekten haben sie eine sehr mannigfaltige Ausbildung erfahren. Insekten, die sich von festen Bestandteilen tierischer (andere Insekten und sonstige kleine Tiere, Aas, tierische Abfallstoffe, Dung usw.) oder pflanzlicher (Blätter, Holz, Pilze und Flechten) Herkunft ernähren, haben dementsprechende kauende Mundwerkzeuge. Solche Insekten dagegen, die von tierischen oder Pflanzensäften, also flüssigen Substanzen, leben, besitzen leckende oder saugende Mundwerkzeuge, welch letztere zugleich stechende sein können. Im einzelnen herrscht die größte Mannigfaltigkeit. Immer aber ist ein Grundschema festgehalten, überall lassen sich die gleichen ursprünglichen Bestandteile nachweisen.

Den ursprünglichsten Typus stellen die kauenden oder beißenden Mundwerkzeuge dar. Nicht nur finden wir sie gerade bei den niederen Insekten weit verbreitet, sondern auch bei den allermeisten Jugendformen. Auch weisen sie noch am meisten Ähnlichkeit mit den Verhältnissen bei den Tausendfüßern auf, sind also wohl schon von niederen, älteren Tracheaten ererbt.

Abgesehen von Rückbildungen besitzen alle Insekten 3 Paar hintereinandergelegene Mundgliedmaßen: die Oberkiefer, die Unterkiefer und die Unterlippe. Als echte Extremitäten sind sie, allerdings mit Ausnahme der Oberkiefer, gegliederte Anhänge und bestehen in vollkommener Ausbildung je aus einem Grundteil, 2 Kauladen und einem, immer mehrgliederigen, Taster.

a) Kauende Mundwerkzeuge. Fig. 5.

Die Oberkiefer (ok in Fig. 5) bestehen immer nur aus einer einfachen Kaulade, einer kräftigen ungegliederten Platte mit glattem oder gezähntem Rande.

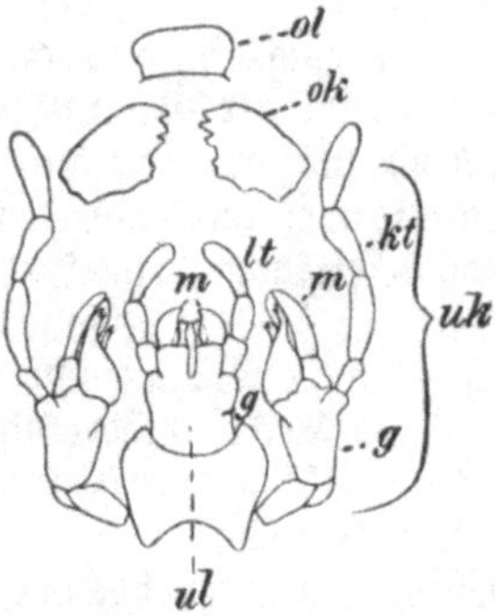

Fig. 5. Kauende Mundwerkzeuge. *ol* Oberlippe; *ok* Oberkiefer; *uk* Unterkiefer; *ul* Unterlippe; *g* Grundteil; *m* Kaulade; *kt* Kiefertaster; *lt* Lippentaster.

Die Unterkiefer (nk in Fig. 5) haben einen 2gliederigen Grundteil (g in Fig. 5) und 2 Kauladen (m in Fig. 5), von denen die äußere 2gliederig sein kann, während die innere immer ungegliedert und ähnlich dem Oberkiefer gestaltet ist, nur kleiner und schwächer. An ihrem inneren Rande können die Kauladen Zähne oder starke steife Borsten tragen. Die Taster, speziell Kiefertaster (kt in Fig. 5) genannt, sind meist 4—5gliederig, ähnlich kleinen Antennen gestaltet.

An der Unterlippe sind die Grundteile immer verschmolzen, wodurch das ganze Gliedmaßenpaar als unpaares, einheitliches Organ erscheint. Die Kauladen der Unterlippe sind bei den meisten Insekten ebenfalls zu einer unpaaren Platte verschmolzen, und nur noch bei wenigen niederen Formen, besonders einigen Geradflüglern (s. S. 105), als selbständige, getrennte Teile erhalten. Man pflegt in solchen Fällen die inneren Laden als Zungen, die äußeren als Nebenzungen zu bezeichnen. Der Taster der Unterlippe, Lippentaster (lt in Fig. 5), besteht aus 1—4 Gliedern und fehlt nicht selten ganz. Kauende Mundwerkzeuge, geeignet zur Aufnahme fester Nahrung, finden wir bei der großen Mehrzahl aller Insektengruppen (bei 11 Ordnungen von 17). Die leckenden, saugenden und stechenden Mundwerkzeuge sind verhältnismäßig selten und stets nachweislich aus kauenden hervorgegangen als Anpassungen an die Aufnahme flüssiger Nahrung.

b) **Leckende Mundwerkzeuge der Bienen.** Fig. 6.

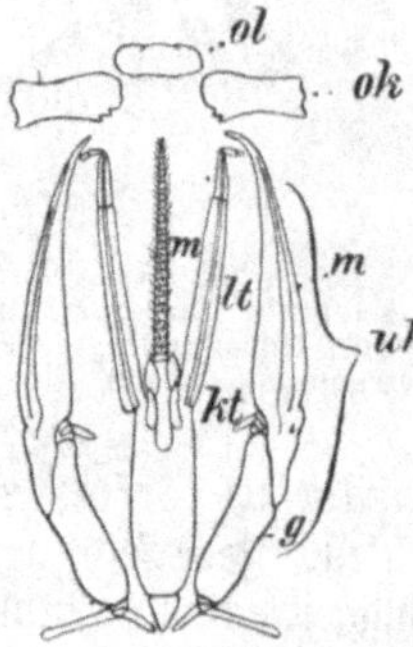

Fig. 6.
Leckende Mundwerkzeuge einer Biene. Bezeichnung wie in Fig. 5.

In der großen Ordnung der Hautflügler oder Hymenopteren (s. S. 120) treffen wir bei den meisten Formen noch kauende Mundwerkzeuge an. Nur die zur Familie der Apiden (Bienen und Hummeln, s. S. 125) gehörenden Hautflügler besitzen für die Aufnahme des Blütenhonigs umgewandelte leckende Mundgliedmaßen nach folgendem Typus (Fig. 6).

Die Oberkiefer ok sind wohl erhalten und beißfähig, dienen aber nie mehr der Nahrungsaufnahme, sondern nur mehr dem Nestbau: der Herstellung der „Waben" aus Wachs und anderen Stoffen.

Am Unterkiefer ist der Taster kt verkümmert. Die Grundteile sind langgestreckt. Die Kauladen sind zu einem ebenfalls langen, messerförmigen Stück verschmolzen. Die Unterlippe besitzt einen 2–4gliederigen Taster pl. Die Grundteile b sind verlängert, die inneren Laden zu einer unpaaren Zunge m verschmolzen, die äußeren Laden verkümmert.

c) Saugende Mundwerkzeuge der Schmetterlinge (s. S. 112). Fig. 7.

Die Oberkiefer fehlen meist vollständig, nur bei wenigen der niedersten Formen (Micropterygina, s. S. 112) sind sie noch erhalten.

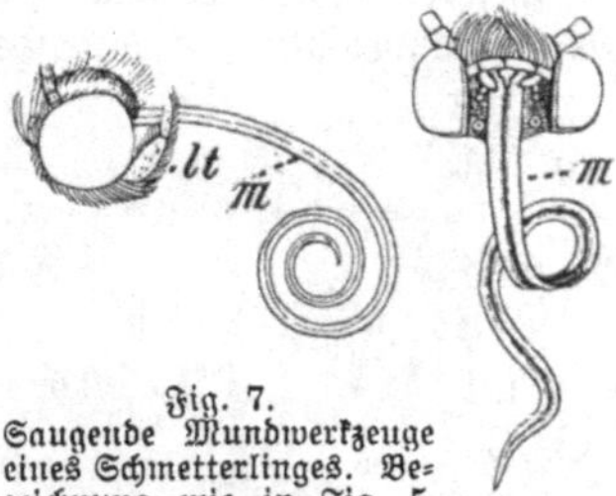

Fig. 7.
Saugende Mundwerkzeuge eines Schmetterlinges. Bezeichnung wie in Fig. 5.

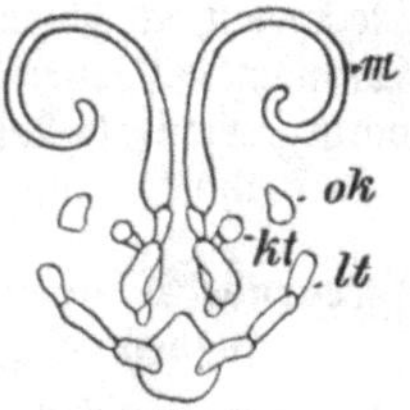

Fig. 8.
Mundwerkzeuge einer Köcherfliege. Bezeichnung wie in Fig. 5.

Am Unterkiefer sind besonders die Laden stark entwickelt. Jederseits verschmelzen äußere und innere zu einem langgestreckten Halbrohr. Beide, eng aneinandergelegt, bilden den bekannten, einrollbaren Saugrüssel der Schmetterlinge (s. S. 112). Der Taster ist verkümmert, höchstens 2gliederig, fehlt in den meisten Fällen sogar ganz. Die Grundteile sind ebenfalls verkümmert.

Von der Unterlippe sind nur die großen, stets dreigliederigen Taster lt erhalten.

Bei einigen Kleinfaltern sind an Unterkiefern und Unterlippe noch alle typischen Teile entwickelt, und von diesen Formen bis zu dem echten Saugapparat der meisten Schmetterlinge finden sich alle Übergänge. Ähnlich jenen der Schmetterlinge sind ferner die Mundwerkzeuge der Köcherfliegen (Trichoptera, s. S. 111) gebildet. Doch sind an ihnen immer beide Paare von Tastern entwickelt und oft auch die Oberkiefer erhalten, wenn auch nur als zarthäutige Reste oder Rudimente (Fig. 8).

d) Stechende und zugleich saugende Mundwerkzeuge.

Solche sind bei verschiedenen Insektenordnungen in recht verschiedener Weise entwickelt, ohne daß sich ein Typus auf den anderen zurückführen ließe. Sie haben sich offenbar alle, unabhängig voneinander, aus kauenden Mundwerkzeugen ihrer Vorfahren entwickelt. Die wichtigsten Formen sind folgende:

α) **Zweiflügler (Diptera,** s. S. 116). Fig. 9.

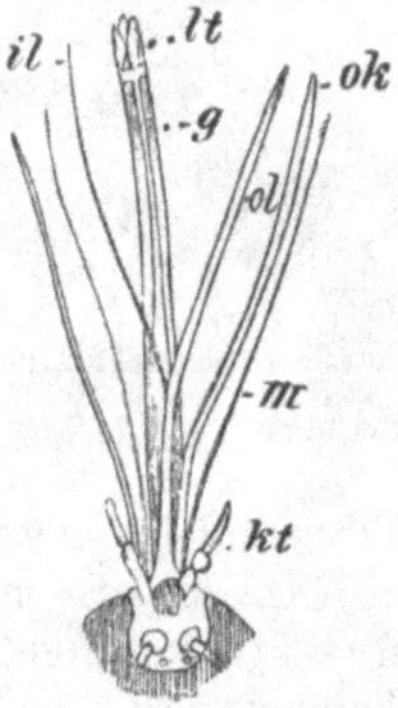

Fig. 9.
Stechende Mundwerkzeuge einer weiblichen Stechmücke. *il* Innenlippe; die andern Bezeichnungen wie in Fig. 5.

Die Oberkiefer fehlen in den meisten Fällen. Nur bei den blutsaugenden Formen (Tabanidae, s. S. 118) und Stechmücken (Culicidae, s. S. 117) und auch bei diesen nur im weiblichen Geschlecht sind sie vorhanden als lange spitzige Stechborsten ok. Nur die Weibchen der genannten Tiere saugen Blut.

An den Unterkiefern sind die Kauladen zu ähnlichen Stechborsten entwickelt wie die Oberkiefer. Der Taster ist 1—5gliederig.

Die verschmolzenen Grundteile der Unterlippe bilden ein langes, oberseits offenes Halbrohr. Es dient den Stechborsten als Scheide und wird von oben durch die ebenfalls stark verlängerte und zuweilen zugespitzte Oberlippe geschlossen.

Dieses Rohr ist der sog. Rüssel der Dipteren. Die Laden der Unterlippe fehlen. Die Taster sind meist verkümmert, eingliederig, am Ende des Rüssels gelegen, als sog. „Lippen". Sehr groß, „kissenförmig" sind sie z. B. bei der Stubenfliege. Sie bilden hier zusammen die sog. Tupfscheibe des Fliegenrüssels. Als 5. Stechborste kann die sog. Innenlippe ausgebildet sein (il S. 17). Sie ist aber keine Gliedmaße, sondern eine einfache, spitzig ausgezogene, von dem gemeinsamen Ausführgang der Speicheldrüsen durchbohrte Verlängerung der unteren Wand des Schlundes.

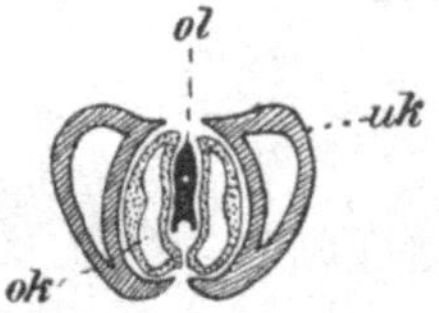

Fig. 10.
Querschnitt durch die Mundwerkzeuge eines Flohes. Bezeichnung wie in Fig. 5.

In andern Fällen können sämtliche Stechborsten überhaupt rückgebildet sein.

β) **Flöhe (Aphaniptera,** s. S. 119). Fig. 10.

Die Oberkiefer sind als gezahnte Leisten ausgebildet (m). Sie umfassen seitlich und von unten die gleichfalls verlängerte Oberlippe und bilden mit ihr das eigentliche Saugrohr.

Die kurzen, mit 4gliederigem Taster ausgestatteten Unterkiefer umschließen das Saugrohr seitlich in seinen Anfangsteilen.

Von der Unterlippe sind nur die mehrgliederigen, endständigen Taster erhalten, welche das Saugrohr in seinem vorderen Abschnitt umschließen.

γ) **Halbflügler (Hemiptera,** s. S. 129). Fig. 11.

Die Oberkiefer sind borstenförmig und liegen den Unterkiefern von außen an, an ihnen frei verschiebbar.

Die Laden der Unterkiefer bilden allein das eigentliche Saugrohr, das zwei Kanäle enthält, einen oberen für die aufgesogene Nahrung und einen unteren für den Speichel.

Kiefertaster fehlen.

Die **Unterlippe** bildet eine aus den verschmolzenen Grundteilen und **Laden** zusammengesetzte Röhre, den als Scheide für das Saugrohr dienenden sog. **Schnabel** der Wanzen, Zikaden, Blattläuse usw. Die Röhre ist am Grunde oben offen und wird hier durch die etwas verlängerte Oberlippe überdeckt. Lippentaster fehlen stets.

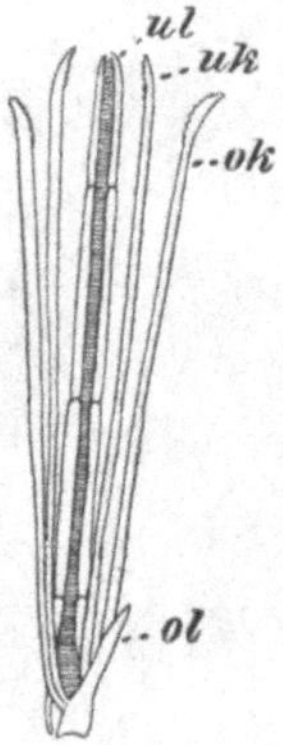

Fig. 11. Mundwerkzeuge einer Blattwanze. Bezeichnung wie in Fig. 5.

B. Die Brust.

Die Brust besteht bei allen Insekten aus 3 Segmenten: **Vorder-**, **Mittel-** und **Hinterbrust**. Das Skelett eines jeden von ihnen setzt sich aus 4 Hauptteilen zusammen: dem Rückenschild, 2 Seitenschildern und dem Bauchschild. Untereinander sind die Skelettstücke eines jeden Segments durch weicheres Chitin, die sog. Gelenkhäute, verbunden. Dadurch ist eine Ausdehnung und Zusammenziehung der Segmente ermöglicht.

Bei den niederen, primitiveren Ordnungen sind die drei Brustsegmente gleichförmig ausgebildet und deutlich voneinander gesondert (freigliederige Brust); bei den höheren, mehr differenzierten, sind sie zu einem kompakten Körper vereinigt, wobei meist ein Segment die anderen an Größe übertrifft (verwachsengliederige Brust). Bei vielen Insekten ist die Vorderbrust ähnlich dem Kopf mit Höckern und Hörnern verziert, die meist beim Männchen stärker entwickelt sind als beim Weibchen.

Anhänge der Brust.

Die Brust ist bei allen erwachsenen Insekten der ausschließliche Träger der Bewegungsorgane: Beine und Flügel.

Beine. Fig. 12.

Normalerweise trägt jedes Brustsegment ein Beinpaar. Es sind also, wie bereits erwähnt, im ganzen 6 Beine vorhanden. Sie sind am Hinterrande des Segments zwischen Seiten- und Bauchschild, also ventral, eingelenkt. Die Beine sind gleich Antennen und Mundgliedmaßen echte Extremitäten. Jedes setzt sich aus 5 hintereinander gelegenen Stücken zusammen:

Hüfte c, Schenkelring tr, Schenkel f, Schiene ti, Fuß ta.

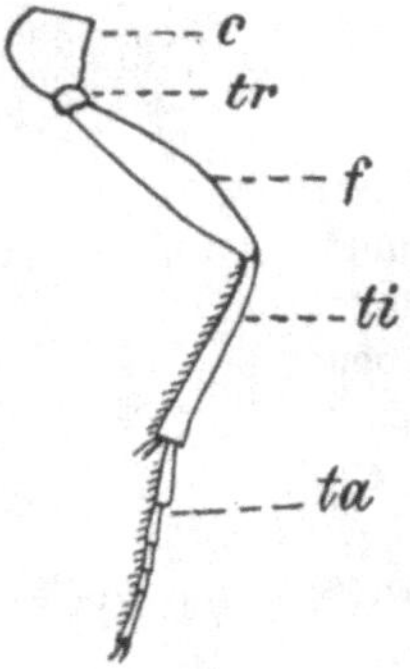

Fig. 12.
Bein eines Insekts.
c Hüfte; *tr* Schenkelring; *f* Schenkel; *ti* Schiene; *ta* Fuß.

Hüfte und Schenkelring stellen die Verbindung zwischen dem Brustskelett und dem eigentlichen Bein dar. Die Hüfte ist kegelförmig, meist kurz, entweder frei beweglich oder in eine besondere „Hüftgrube" der Brust eingelenkt.

Der Schenkelring hat immer nur geringe Größe und ringförmige oder zylindrische Gestalt.

Der Schenkel ist immer der größte und kräftigste Teil des ganzen Beines.

Die Schiene ist lang und schlank, häufig mit Dornen oder Borsten verziert.

Fig. 13.
Fuß eines Insekts. *k* Kralle; *p* Haftläppchen.

Der Fuß (Fig. 13) setzt sich in der Regel aus mehreren hintereinander gelegenen Teilen, den 2—5 Fußgliedern, zusammen. Das letzte trägt gewöhnlich zwei frei bewegliche Krallen. Solche fehlen den Füßen einiger im Mist lebenden Käfer und der Fächerflügler (Strepsiptera, s. S. 132).

Scheinbar haben auch die Blasenfüße (Physapoda, s. S. 108) keine Krallen, sondern an ihrer Stelle ein aus- und einstülpbares „Haftbläschen". Mit diesen sind aber die Krallen nur eng verwachsen und daher schwer sichtbar. Nur an den Vorderfüßen krallenlos sind manche Tagfalter und Wasserwanzen. 3 Krallen, von denen eine immer sehr klein ist, finden sich nur bei einigen der niedersten Insekten, z. B. dem Silberfischchen (Lepisma saccharina, s. S. 104).

Zwischen den Krallen der meisten Insekten liegt das sog. Haftläppchen oder Haftkissen, eine weiche, lappenförmige Verlängerung des letzten Fußgliedes.

Die meisten Insekten sind Sohlengänger, d. h. sie treten mit der Sohle oder Unterseite des Fußes auf. Auf die Krallen stützen sich beim Gehen nur einige der niedersten Insekten (Thysanura, s. S. 104), ferner die echten Läuse (s. S. 109) und die Larven aller Insekten mit vollkommener Verwandlung.

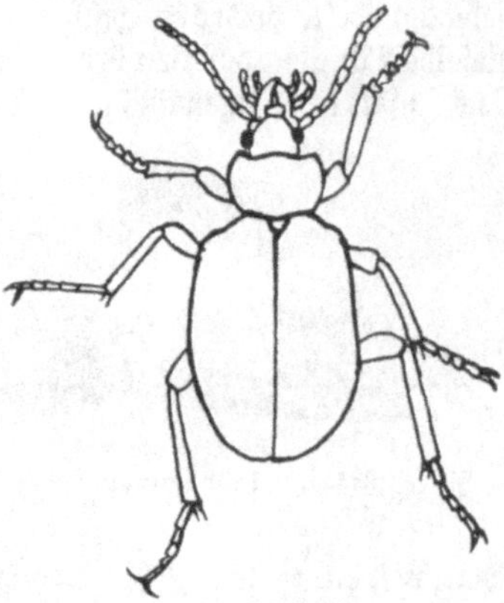
Fig. 14.
Beinstellung eines schreitenden Käfers.

Die Fußsohle der meisten Insekten ist reich mit Haaren ausgestattet, wodurch sie besser an der Unterlage haftet. Besondere Einrichtungen finden wir bei denjenigen, die, wie z. B. Fliegen, viele Käfer u. a., imstande sind, an senkrechten, glatten Flächen (Glasscheiben usw.) in die Höhe zu laufen. Hier trägt die Fußsohle steife, am Ende verbreiterte und abgestutzte sog. Hafthaare. Durch Muskelkraft an die Unterlage angepreßt, wirken die plättchen- oder schüsselförmigen Enden dieser Haare wie kleine Saugscheiben. Unterstützt kann ihre Wirkung noch werden durch von ihnen abgesonderte Flüssigkeitströpfchen. Auch die schon erwähnten Haftläppchen helfen dabei mit.

Die Bewegungsweise der Beine beim Gehen entspricht ihrer Stellung am Körper. Die Vorderbeine sind in der

Ruhe nach vorn, die Mittel- und Hinterbeine nach hinten gerichtet. Beim Gehen werden immer 3 Beine gleichzeitig bewegt, nämlich das Vorder- und Hinterbein der einen und das Mittelbein der anderen Seite (Fig. 14). Dabei ist das Vorderbein gestreckt, die beiden anderen gebeugt. Der Körper wird nun durch das vorgesetzte Vorderbein gezogen und durch das Hinterbein derselben und das Mittelbein der entgegengesetzten Seite vorwärts geschoben. Unmittelbar darauf wird dieselbe Tätigkeit von den drei anderen Beinen aufgenommen. Das Insekt ist demgemäß beim Gehen immer an drei Punkten unterstützt, was ja genügt, um einen Körper im Gleichgewicht zu halten. Anders verläuft die Geh- oder Kriechbewegung bei den mit zahlreichen Fußpaaren ausgestatteten Raupen der Schmetterlinge und Blattwespen (s. S. 120). Sie setzen immer gleichzeitig die beiden Füße eines Paares vor, und zwar zuerst das letzte, darauf das vorletzte usw. bis zum vordersten Paar, worauf mit dem letzten Paar wieder begonnen wird. Bei den Raupen der Spanner (Geometridae, s. S. 113), denen die mittleren Fußpaare fehlen, wird die Fortbewegung von dem letzten am Ende des Körpers befindlichen Paare gleich auf das dritte an der Hinterbrust sitzende übertragen und dadurch die dazwischenliegende Strecke des Körpers zu einem hohen Bogen „gespannt“ (Fig. 15).

Fig. 15. Spannerraupe.

Nicht wenige Insekten sind auch befähigt, vermittels ihrer Hinterbeine beträchtlich weite Sprünge auszuführen (Heuschrecken, Grillen [s. S. 106], Zikaden [s. S. 130], Flöhe [s. S. 119], manche Käfer). Vor dem Sprunge sind diese so gekrümmt, daß die Schienen den Schenkeln dicht anliegen. Die Enden der Schienen, die mit besonderen Sprungsporen versehen sein können, werden dabei fest gegen die Unterlage gepreßt, um so ein Ausgleiten zu verhindern. Indem dann die winkelförmig gekrümmten Beine plötzlich gerade gestreckt werden, wird das Tier schräg nach oben fortgeschleudert.

Auch zum Schwimmen bedienen sich manche Insekten ihrer Beine. Dieses geschieht bei Wasserkäfern (Dytiscidae, Gyrinidae, s. S. 127) und Wasserwanzen (Naucoridae,

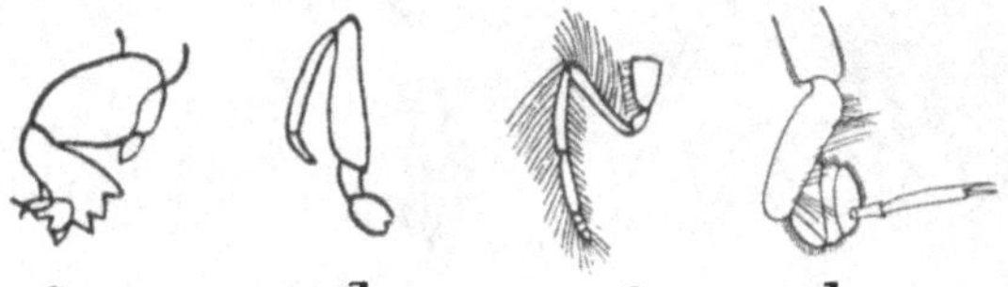

a. b. c. d.

Fig. 16. Umgebildete Vorderbeine.
a Grabbein; *b* Raubbein; *c* Putzbein; *d* Klammerbein.

Notonectidae, s. S. 130) in einer stoßweise in einem Tempo ausgeführten Bewegung der Hinterbeine. Andere Käfer (Hydrophilidae, s. S. 127) bewegen die Beine beim Schwimmen abwechselnd, ähnlich wie beim Gehen.

1. Umbildung der Vorderbeine. Fig. 16.

Entsprechend den speziellen Zwecken, welchen die Beine mancher Insekten dienen, können sie in verschiedener Weise umgebildet sein. Und zwar gilt das besonders für Vorder- und Hinterbeine. Das mittlere Paar bewahrt meist seine ursprüngliche Gestalt.

a) Grabbeine. Finden sich bei Insekten, die in selbstgegrabenen Erdlöchern leben, die Schenkel sind kurz und kräftig, die Schienen platt gedrückt mit starken Zähnen am Rande; die Fußglieder ähnlich der Schiene gestaltet (z. B. Maulwurfsgrille, s. S. 107) oder aber verkümmert bis fehlend (Mistkäfer, s. S. 129). Bei Insekten, die nur zum Zweck der Eiablage graben, pflegen die Weibchen stärker entwickelte Grabbeine zu haben, als die Männchen.

b) Raubbeine, zum Fang anderer Insekten und sonstiger kleiner Tiere. Der Schenkel ist sehr kräftig, die Schiene schlank und scharf und kann nach Art einer Messerklinge gegen den Schenkel eingeschlagen werden. Der Fuß besteht oft nur aus einem klauenlosen Gliede, das eine Verlängerung der Schiene bildet (Wasserskorpion, s. S. 130; Fangheuschrecken, s. S. 105).

c) Putzbeine, zum Reinigen der Antennen, Mundwerkzeuge usw. Schenkel und Schienen sind schlank und schwach, die Fußglieder verkümmert, das letzte stets ohne Klaue (viele Tagfalter), aber stark behaart.

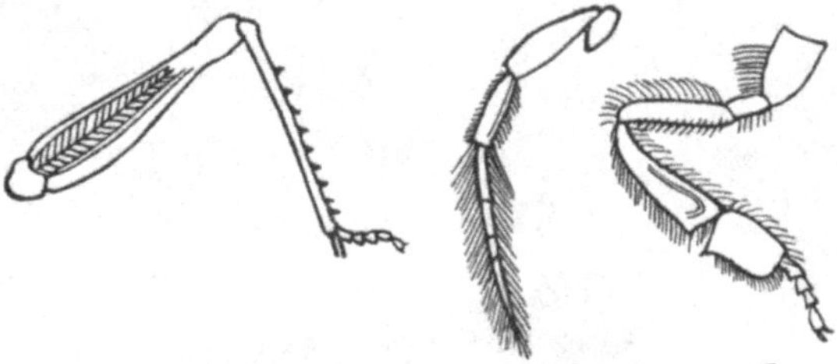

a. *b.* *c.*

Fig. 17. Umgebildete Hinterbeine.
a Sprungbein; *b* Schwimmbein; *c* Sammelbein.

d) Klammerbeine (nur im männlichen Geschlecht), zum Anklammern am Körper des Weibchens bei der Begattung. Zu diesem Zweck sind bei vielen männlichen Lauf- und Aaskäfern 2—4 Fußglieder verbreitert und besonders stark „filzig" behaart. Noch stärker ist die Verbreiterung bei männlichen Wasserkäfern (s. S. 127). Hier kann die Sohle noch mit förmlichen Saugnäpfen ausgestattet sein.

2. Umbildung der Hinterbeine. Fig. 17.

a) Sprungbeine. Die Schenkel sind stark verdickt zur Aufnahme der mächtigen Sprungmuskeln, die Schienen sind gleich den Schenkeln sehr lang.

b) Schwimmbeine. Alle Teile sind breit und abgeplattet, besonders auch die mit langen Haaren besetzten, eine breite „Ruderfläche" bildenden Fußglieder. Zu Schwimmbeinen kann auch das mittlere Beinpaar umgebildet sein (Meerläufer, **Halobatidae**, s. S. 130).

c) **Sammelbeine** (viele blumenbesuchende und Pollenstaub sammelnde Bienen, s. S. 130). Schiene und Ferse (1. Fußglied) sind breit gedrückt und stark behaart. Zuweilen trägt die Schiene eine besondere flache, von steifen Haaren eingefaßte Höhlung, das „Körbchen", zur Aufnahme des durch die Haare abgestreiften Pollenstaubes (s. S. 125). Das breite, oft in regelmäßigen Reihen behaarte Fersenglied wird als „Bürste" bezeichnet.

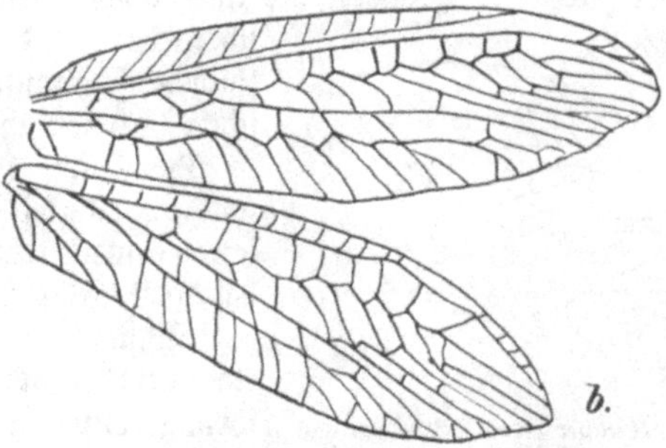

Fig. 18. Flügelgeäder eines Netzflüglers.
a Vorder-, *b* Hinterflügel.

Den Weibchen einiger Insekten fehlen die Beine im erwachsenen Zustande gänzlich. Es hängt das immer mit Besonderheiten der Lebensweise zusammen.

Flügel. Fig. 18 u. 19.

Die allermeisten Insekten besitzen zwei Paar Flügel. Die Vorderflügel sind beweglich an der Mittelbrust, die Hinterflügel ebenso an der Hinterbrust eingelenkt, und zwar immer zwischen Rücken- und Seitenschild, also im Gegensatz zu den Beinen — der Rückenseite genähert. Bei gutfliegenden Insekten mit stark entwickelten Flügeln pflegt deshalb die Vorderbrust viel kleiner zu sein als die folgenden Segmente (z. B.

Schmetterlinge, Libellen, Wespen). Umgekehrt haben die schwerfälligeren Insekten und solche, denen die Flügel hauptsächlich als Fallschirm dienen, eine große Vorder- und schwächer ausgebildete Mittel- und Hinterbrust (z. B. Käfer, Wanzen, Heuschrecken).

Die Flügel sind keine Extremitäten, sondern einfache, ungegliederte, blattförmige Ausstülpungen der Körperhaut. Gemäß dieser Entstehungsweise wird jeder Flügel von zwei Häuten oder Lamellen gebildet, die am Rande ineinander übergehen und einen flachen Hohlraum zwischen sich einschließen.

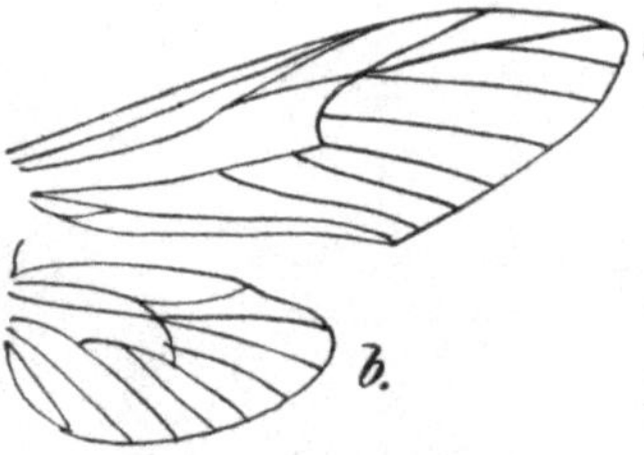

Fig. 19. Flügelgeäder eines Schmetterlings. *a* Vorder-, *b* Hinterflügel.

Die zum Fliegen nötige Festigkeit erhalten die meist sehr zarthäutigen Flügel durch ein System von sog. Adern. Dieses sind linienförmige, etwas gewölbte Verdickungen in beiden Häuten des Flügels, die genau aufeinander passen. Sie halten die zarten Flügelhäute gespannt, so daß diese imstande sind, kräftige Bewegungen auszuführen, ohne dabei an Leichtigkeit einzubüßen. Da die Adern etwas gewölbt sind, so ist in ihnen der Zwischenraum zwischen beiden Flügeln größer als in der Fläche des Flügels. In diesen Hohlräumen verlaufen in den stärkeren Adern eine Trachee (Luftröhre) und ein besonderer Zellstrang, die sog. Rippe. Außerdem enthält er Blut. Die Adern dienen somit auch der Ernährung des Flügels, daher der Name.

Unter den Adern lassen sich unterscheiden Längsadern, die von der Wurzel des Flügels strahlenförmig zum gegenüberliegenden Rande ziehen, und (meist schwächere) Queradern, die auf den erstgenannten senkrecht stehen oder sie in verschiedenen Richtungen kreuzen.

Für die Festigkeit der Flügel kommen vornehmlich die großen Längsadern in Betracht. Sie sind daher bei den höheren Insekten sehr kräftig und am Grunde des Flügels eng verbunden. Dadurch können viele, namentlich quere, Adern überflüssig werden und „verlöschen". Es haben daher die höheren Insekten im allgemeinen ein weniger reiches Flügelgeäder als die niederen (vgl. Fig. 18 und 19).

Bei letzteren pflegen außerdem Vorder- und Hinterflügel sich in Zahl und Verteilung der Adern noch sehr zu gleichen. Bei den höheren Insekten sind dagegen die beiden Flügelpaare sehr verschieden ausgebildet.

Dem entspricht wieder die verschiedene Ausbildung der Brustsegmente. Bei Libellen, Netzflüglern, Termiten z. B. sind Mittel- und Hinterbrust ungefähr gleich groß. Bei Schmetterlingen, Hautflüglern u. a. mit sehr stark entwickelten Vorderflügeln übertrifft die Mittelbrust die Hinterbrust bedeutend an Größe. Das umgekehrte Verhältnis findet bei den Käfern statt, die sich zum Fliegen hauptsächlich der Hinterflügel bedienen.

Nicht immer haben die Flügel die gewöhnliche Beschaffenheit zarthäutiger, blattförmiger Anhänge. Vielmehr können sie in verschiedener Weise umgebildet sein.

a) Umbildung der Vorderflügel.

Flügeldecke der Käfer und Ohrwürmer (s. S. 107). Sie bestehen aus dicken, harten Lamellen von hornartiger Beschaffenheit, die durch quere Balken verbunden sind. Die Aderung ist verschwunden. Auf der Oberseite können allerlei „Skulpturen" vorhanden sein, die zum Teil noch den Verlauf des ursprünglichen Geäders erkennen lassen: erhabene Längslinien oder Rippen, in „Kettenstreifen" hintereinander gereihte Buckel, andrerseits auch vertiefte Grübchen, die ebenfalls Längsreihen bilden können. Die Flügeldecken bedecken in der Ruhe gewöhnlich Hinterbrust, Hinterleib und Hinterflügel und dienen zum Schutz dieser Teile. Nur bei den Raubkäfern (Staphylinidae, s. S. 127), einige nandern Käfern und sämtlichen Ohrwürmern sind sie stark verkürzt und lassen den Hinterleib frei.

Lederartige Flügeldecken der Geradflügler. Sie sind weniger hart als die echten Flügeldecken, von etwa leder- oder pergamentartiger Beschaffenheit, immer deutlich geadert. Sie dienen ebenfalls zum Schutz der zarteren Hinterflügel, aber auch noch zum Fliegen.

Halbdecken der Wanzen (s. S. 130). Nur die Wurzelhälfte der Flügel oder das „Leder" ist verhärtet. Der Spitzenteil oder die „Membran" ist weichhäutig geblieben. Die Aderung ist auf der Membran deutlicher entwickelt als auf dem Leder.

Flügelstummel der Fächerflügler (Strepsiptera, s. S. 132). In dieser kleinen Gruppe, sind die Vorderflügel der Männchen zu kleinen flugunfähigen Anhängseln eingeschrumpft.

b) Umbildung der Hinterflügel.

Schwingkölbchen der Zweiflügler (Diptera, s. S. 116). Die Hinterflügel sind zu kleinen „klöppelförmigen" Anhängen geworden, an denen man einen Stiel und einen Endknopf unterscheiden kann. Wird das Insekt ihrer beraubt, so ist es nicht mehr imstande zu fliegen. Denn, wie Versuche lehren, sind die Schwingkölbchen unentbehrlich zur Erhaltung des Gleichgewichts und zur Richtung des Fluges. Werden beide in gleicher Weise bewegt, so bewirken Änderungen in der Geschwindigkeit dieser Bewegung Änderungen der Flugrichtung in der Vertikalen. Wird das Schwingkölbchen der einen Seite in einer andern Ebene bewegt, als jenes der entgegengesetzten, so macht das Insekt eine Wendung in horizontaler Richtung.

Flügellose Insekten.

Nur die allerniedersten Insekten, die kleine Gruppe der Apterygota (s. S. 104), entbehren ausnahmslos der Flügel und haben nie welche besessen. Bei allen anderen flügellosen oder mit verkümmerten Flügeln versehenen Insekten ist der Verlust oder die Verkümmerung immer erst sekundär durch Anpassung an bestimmte Lebensgewohnheiten entstanden. Solche Fälle finden sich in fast allen Ordnungen. Die Gründe für die Flügellosigkeit können aber sehr verschieden sein.

a) Flügellose Weibchen. Die Weibchen der allermeisten Insekten sind viel weniger lebhaft als die Männchen, denen allein das Aufsuchen des andern Geschlechts bei der Begattung obliegt. In sehr vielen Fällen fehlen daher den weiblichen Tieren die Flügel völlig. Hierher gehören vor allem die auch beinlosen Weibchen der Sackträger (Psychidae, s. S. 112), Fächerflügler (Strepsiptera, s. S. 132) und Schildläuse (Coccidae, s. S. 132). Auch die Weibchen der Leuchtkäfer (Lampyridae, s. S. 127), bekannt unter dem ihre wurmähnliche Gestalt kennzeichnenden Namen der „Johanniswürmchen", sind flügellos; ebenso die Weibchen mancher Spanner (s. S. 113). Bei andern Schmetterlingen, z. B. dem Schlehenspinner (Orgyia antiqua, s. S. 114) sind die Flügel der Weibchen wenigstens zu ganz kleinen Anhängseln verkümmert.

b) Flügellose Männchen. Viel seltener ist der Fall, daß die Männchen der Flügel entbehren. Die Männchen der Feigengallwespen (Blastophaga, s. S. 121) leben innerhalb der „Früchte" der Feigen und sind flügellos, während die geflügelten Weibchen von Baum zu Baum fliegen zum Zweck der Begattung und Eiablage. Flügellos sind ferner die Männchen mancher Ameisen (z. B. aus der Gattung Anergates, s. S. 124).

c) Schmarotzerinsekten. Die auf andern Tieren schmarotzenden Insekten, die ihr ganzes Leben auf ihrem „Wirt" verbringen, haben größtenteils die Flügel verloren. Andere besitzen zwar in ihrer Jugend noch Flügel, werfen sie aber bald ab.

d) Springende Insekten. Viele Heuschrecken haben sich so einseitig an die springende Lebensweise angepaßt, daß sie die Flügel verloren haben.

e) Blinde Insekten. Manche unterirdisch in Höhlen lebende Käfer haben mit den Augen zugleich die Flugfähigkeit und damit auch die Hinterflügel eingebüßt. Die Flügeldecken sind dagegen wie bei allen „flügellosen" Käfern erhalten.

f) An der Erde unter Steinen, im Mulm lebende Insekten haben oft ebenfalls die Flugfähigkeit verloren. Auch hierher gehören viele Käfer, namentlich Laufkäfer (Carabidae, s. S. 126), bei denen dann oft die Flügeldecken der Länge nach mit einander verwachsen. Auch die „Arbeiterinnen" der Ameisen und Termiten, die ja eine ähnliche Lebensweise führen, sind durchweg flügellos. Männchen und Weibchen dagegen, die sich zur Begattung in die

Luft erheben müssen, haben wohl entwickelte Flügel. Nur werfen die Weibchen sie bald nachher ab, denn ihr ganzes übriges Leben verbringen sie im Nest und seiner nächsten Umgebung. Die Männchen behalten die Flügel, sterben aber bald nach vollzogener Begattung.

g) Insel-Insekten. Auf ozeanischen, küstenfernen Inseln sind fliegende Insekten natürlich sehr der Gefahr ausgesetzt, durch Stürme ins Meer verschlagen zu werden. Wir finden daher auf ihnen auffallend viel flügellose Arten. Schon auf Madeira haben von ungefähr 600 Käferarten fast 200 verkümmerte oder gar keine Hinterflügel. Von den einsamen, sturmumbrausten Kerguelen sind sogar nur flugunfähige Insekten bekannt: einige Fliegen und Käfer und ein Schmetterling.

h) Hochgebirgs-Insekten. Auf hohen Gebirgen ist die Sturmgefahr ähnlich wie auf küstenfernen Inseln. Daher sind die Insekten, welche ihre Gipfel bewohnen, ebenfalls ungeflügelt.

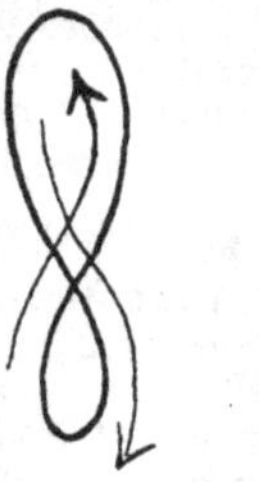

Fig. 20. Von den Flügelspitzen eines fliegenden Insekts beschriebene Achterfigur. Die Pfeile deuten die Flugrichtung an.

Flugbewegung der Insekten.

Beim Fluge der Insekten wirken alle 4 Flügel gleichzeitig. Ihre Bewegung besteht durchaus nur in einem einfachen Auf- und Niederschlagen. Der Vorderrand, in dem die stärksten Längsadern verlaufen, bietet daher der Luft einen viel kräftigeren Widerstand als die hinter ihm gelegene zarte, häutige Fläche. Beim Niederschlag des Flügels wird dementsprechend sein hinterer Rand nach oben gedrückt. Die Oberfläche des Flügels schaut also schräg nach vorn. Er erhält so einen Rückstoß nach vorn und oben. Umgekehrt verhält es sich beim Aufschlage. Der hintere Rand des Flügels wird nach unten gedrückt. Die Oberfläche schaut schräg nach hinten. Der Flügel erhält einen Rückstoß nach unten und vorn. Aus dem Zusammenwirken beider Kräfte entsteht eine Bewegung nach vorn und etwas nach oben. Die Flügelspitze beschreibt dabei eine Achterfigur (Fig. 20). Änderungen in der Flugrichtung werden nur bei den wenigsten Insekten durch Änderungen in der Flügelstellung bewirkt (wahrscheinlich nur bei den Libellen, vielleicht noch bei den Schmetterlingen). Alle anderen bedienen sich hierzu anderer Körperteile. Die Umbildung der Hinterflügel zu besonderen Richtungsorganen, den Schwingkölbchen, bei den Zweiflüglern haben wir schon kennen gelernt. Bei den Käfern haben die Flügeldecken die Aufgabe der Richtung übernommen. Beim Fluge werden sie ausgespreizt getragen. Ihre Masse liegt dabei über dem Schwerpunkt des Körpers. Die kleinste Änderung in ihrer Stellung muß daher auch die Lage der Körperachse und damit die Flugrichtung ändern. Entfernt man einem Käfer die Flügeldecken, so ist er nicht mehr imstande, seine Flugrichtung zu ändern, sondern kann seinen Flug nur in einer bestimmten, durch seinen Schwerpunkt gegebenen Richtung fortsetzen. Bei den Hautflüglern (Hymenoptera, s. S. 120) wirkt der freibewegliche, oft „gestielte" Hinterleib als richtendes Organ. Er kann sehr verschiedene Lagen einnehmen und dadurch den Schwerpunkt des Körpers und mit ihm die Flugrichtung ändern. Bei vielen Geradflüglern (Orthoptera), z. B. Heuschrecken, besorgen die Hinterbeine die Änderungen in der Flugrichtung.

Verschieden ist auch die Haltung der beiden Flügelpaare zueinander. Bei allen Vertretern niederer und älterer Formen (Geradflügler, Netzflügler, Eintagsfliegen, Libellen usw.) wirken Vorder- und Hinterflügel unabhängig voneinander. Bei den höherstehenden Insekten dagegen, besonders bei Schmetterlingen und Hautflüglern sind der Hinterrand der Vorder- und der Vorderrand der Hinterflügel vermittels feiner Häkchen oder auf andere Weise verbunden und wirken gemeinsam als eine Fläche. Über die Haltung der Vorderflügel bei den Käfern s. o.

Kraft und Schnelligkeit des Fluges hängen hauptsächlich von 2 Faktoren ab, der Größe der Flügel und der Schnelligkeit ihres Schlages. Gute Flieger mit kleinen Flügeln, z. B. viele Fliegen, müssen diese daher natürlich in besonders schnellem Tempo bewegen. Durch sinnreiche Versuche hat man die Zahl der Flügelschläge in der Sekunde für eine Anzahl von Insekten festgestellt und dabei folgende Werte gefunden:

Stubenfliege	330	Flügelschläge
Hummel	240	"
Honigbiene	190	"
Wespe	110	"
Libelle	28	"
Kohlweißling	9	"

Ungefähr schätzen kann man die Schnelligkeit der Flugbewegungen schon an der Höhe des Tones, den manche Insekten beim Fliegen erzeugen. Je mehr Schläge in der Sekunde ausgeführt werden, um so höher muß natürlich der hervorgebrachte Ton sein. Bekannt ist z. B. das ganz „hohe Singen" der Stechmücken. Viel tiefer klingt schon das Summen an Blüten saugender Schwärmer. Die Tagfalter haben dagegen einen ganz „schweigsamen" Flug, weil sie ihre Flügel (s. o. Kohlweißling) nur langsam bewegen.

C. **Der Hinterleib.** Fig. 21.

Der Hinterleib ist der am einfachsten gebaute Teil des Insektenkörpers. Abgesehen von den hintersten sind in der Regel alle Segmente wesentlich gleich gestaltet. Bei allen Hautflüglern (s. S. 120) ist das 1. Hinterleibssegment mit der Brust verschmolzen, so daß diese scheinbar 4 Segmente hat.

Gliedmaßen werden während der Entwicklung im Ei an allen Hinterleibssegmenten angelegt, mit Ausnahme des letzten oder Aftersegments. Später werden sie aber alle oder größtenteils rückgebildet. Erhalten bleiben nur folgende:

a) Griffel. Sie sind immer nur kurze, ein- bis zweigliederige Stummel. Sie finden sich bei manchen der niedersten, ungeflügelten Insekten vom 2.—9. Hinterleibssegment (Fig. 21 g). Bei geflügelten Insekten kommt höchstens ein Paar am 9. Segment vor, und zwar bei den Männchen mancher Geradflügler (s. S. 105) und bei den Weibchen der Libellen und einiger Käfer.

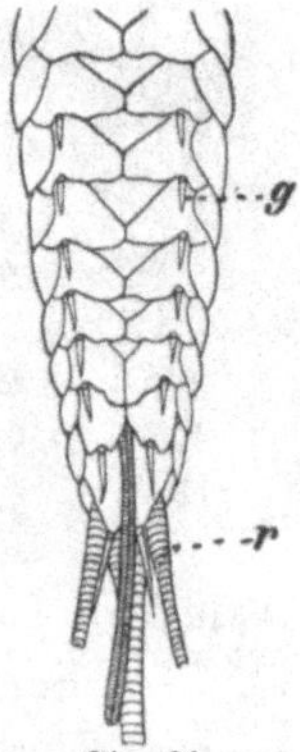

Fig. 21.
Hinterleib v. Machilis. g Griffel; r Raife.

b) Raife. Sie sind längere, bis sehr lange, mehrgliederige, selten ungegliederte Anhänge am 11. Segment (Fig. 21 r). Ihre Gliederung ist jener der Fühler ähnlich. Von ungegliederten Raifen sind am bekanntesten die Zange der Ohrwürmer (Forficulidae, s. S. 107). Einige Insekten (z. B. Eintagsfliegen, s. S. 109) haben scheinbar drei Raife. Der mittelste ist aber nur das lang ausgezogene Bauchschild des 11. Segments. Allen höheren Insekten fehlen die Raife durchaus.

Von sonstigen Anhängen, die aber keine umgebildeten Gliedmaßen sind, kann der Hinterleib folgende tragen:

a) Afterklappen. Gewöhnlich drei kleine, klappenförmige Anhänge am letzten Segment zum Verschluß der Afteröffnung, eine obere und zwei seitliche (Fig. 22).

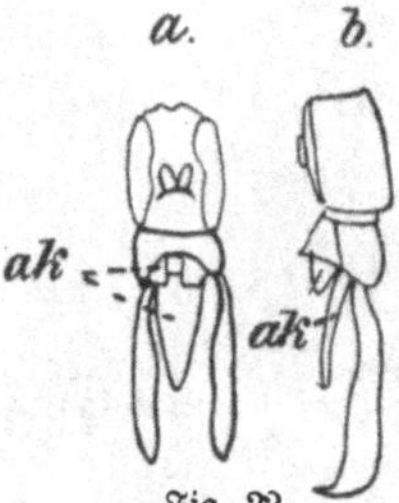

Fig. 22.
Hinterleibsende einer Libelle: a von der Bauchseite; b in Seitenansicht; ak Afterklappen.

b) Geschlechtsanhänge des 8. und 9. Hinterleibssegments, die der Begattung und Eiablage dienen. Bei den männlichen Insekten finden wir eine hohle, röhrenförmige Rute, die entweder stets frei vorragt oder durch besondere Muskeln in den Körper zurückgezogen werden kann. Eingehüllt wird sie von zwei Paaren von Klappen, einem

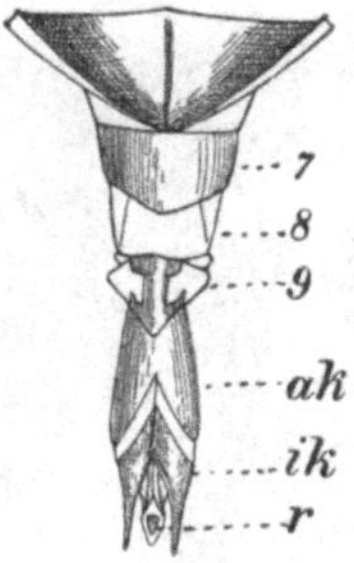

Fig. 23.
Begattungsapparat eines männl. Käfers: *7, 8, 9* letzte Hinterleibssegmente; *ak* äußere, *ik* innere Klappen; *r* Rute.

äußeren und einem inneren (Fig. 23), die zum 8. und 9. Segment gehören. Sehr eigentümlich ist der Begattungsapparat der Libellen. Am 9. Segment haben sie nur ein Paar von kleinen Klappen. Diese nehmen den reifen Samen aus der Geschlechtsöffnung auf und übertragen ihn unter starker Krümmung des Hinterleibes zu dem eigentlichen Begattungsapparat am 3. Segment. Dieser, der sich mit den inneren Geschlechtsorganen in keiner Verbindung befindet, besteht aus einer dreigliederigen Rute und einer Samenblase zur Aufspeicherung des Samens.

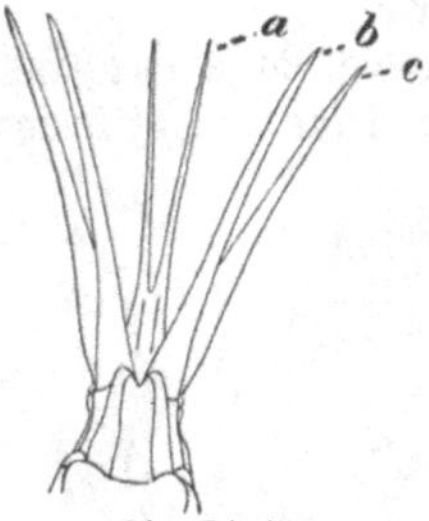

Fig. 24 A.
Legestachel einer Heuschrecke: *a* innere; *b* und *c* innere Scheiden.

Im weiblichen Geschlecht finden wir bei sehr vielen Insekten einen sog. Legestachel oder Legebohrer zum Ablegen der Eier, besonders zum Versenken in die Erde, in pflanzliche oder tierische Stoffe. Gestalt und Zusammensetzung eines solchen Legebohrers kann sehr verschieden sein. Bei den Laubheuschrecken (Locustidae) z. B. besteht er aus drei Paaren von langen säbelförmigen Scheiden, 4 äußeren (2 oberen und 2 unteren) und einer inneren (Fig. 24 A u. B). Die oberen äußeren und die inneren Scheiden gehören zum 9., die unteren äußeren zum 8. Segment.

Fig. 24 B.
Derselbe von der Seite gesehn.

2. Innenskelett.

In allerdings nur geringer Ausbildung besitzen die Insekten auch ein inneres Skelett. Es besteht in der Hauptsache aus nach innen gerichteten Fortsätzen des Hautpanzers in Form von Stäben, Balken und Platten. Es ist hauptsächlich in Kopf und Brust ausgebildet und dient hier sowohl zur Anheftung von Muskeln als auch zur Stütze für die Weichteile.

Im Kopf befindet sich vor allem das sog. Tentorium, ein brückenförmiges Chitingebilde, das sich auf der unteren Kopfplatte

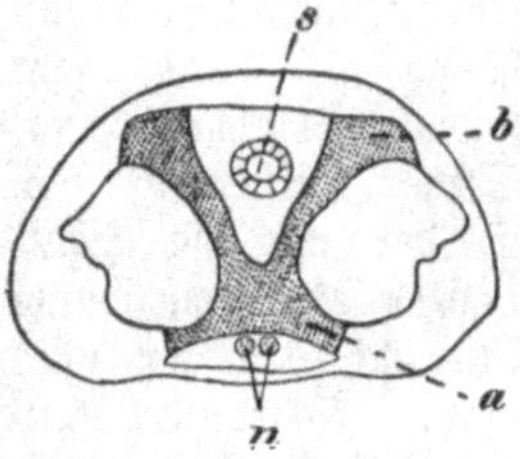

Fig. 25.
Innenskelett des Kopfes im Querschnitt. *a* Tentorium; *b* Schenkel des T.; *s* Schlund; *n* Nerven.

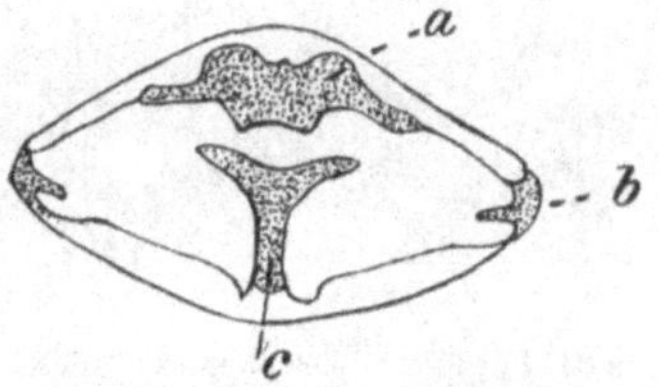

Fig. 26.
Innenskelett der Brust im Querschnitt: *a* obere, *b* seitliche, *c* untere Fortsätze.

erhebt (Fig. 25). Von ihm aus können 2 Chitinbalken an die Kopfdecke gehen, die Schenkel des Tentoriums. Zwischen ihnen verläuft der Schlund. Die Nervenstränge ziehen unter der Brücke des Tentoriums hindurch.

In den Brustsegmenten (Fig. 26) finden sich: 1. obere Fortsätze, plattenförmige nach unten gerichtete Vorsprünge der Rückenschilder; 2. seitliche Fortsätze, zapfenförmige Vorsprünge der Seitenschilder; 3. untere Fortsätze, gabelförmige Vorsprünge der Bauchschilder.

Bei niederen Insekten ist das Innenskelett nur schwach entwickelt oder fehlt ganz.

3. Feinerer Bau des Hautpanzers.

Fig. 27.

Der Hautpanzer der Insekten besteht wie bei allen Gliederfüßlern aus Chitin, einer komplizierten chemischen Verbindung von Kohlenstoff, Wasserstoff, Sauerstoff und Stickstoff in wechselnder Zusammensetzung. Wahrscheinlich sind in ihm immer ein Eiweißkörper und ein Kohlehydrat enthalten. Es ist unlöslich in Laugen und Essigsäure, selbst beim Kochen. Von starken Mineralsäuren wird es schon in der Kälte gelöst. Es umkleidet den ganzen Körper und alle seine Anhänge als harte, sehr widerstandsfähige Haut. Seiner Entstehung nach ist der chitinöse Hautpanzer eine sogenannte Cuticula, d. h. er wird von einer darunterliegenden Zellenhaut, der Epidermis (e), abgeschieden. Diese besteht bei den Insekten aus einer einzigen Schicht ungefähr kubischer Zellen.

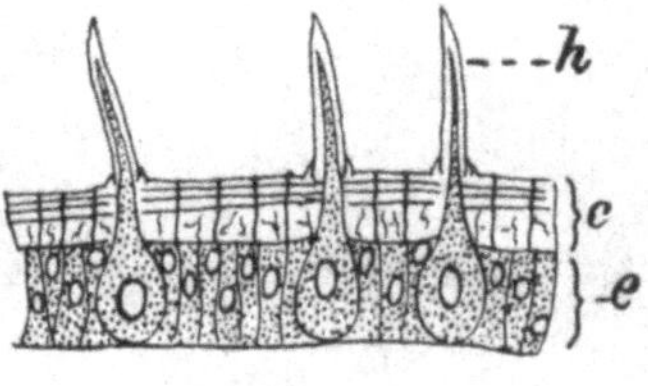

Fig. 27.
Schnitt durch die Haut eines Insekts.
e Epidermis; *c* Cuticula; *h* Haar.

Die Cuticula (c) setzt sich gewöhnlich aus zwei Schichten zusammen, einer inneren, die noch einen zelligen Bau erkennen läßt, und einer äußeren gleichmäßigen oder homogenen. Die beiden Schichten verhalten sich auch chemisch etwas verschieden. Die innere färbt sich bei Zusatz von Jod violett, die äußere braun. Die Cuticula ist in der Regel von feinen und gröberen Poren durchbohrt.

Der starre Hautpanzer der Insekten ist natürlich nur sehr geringer Ausdehnung fähig. Ein ausgiebiges Wachstum des

Tieres ist nur durch Sprengen und Abstreifen der alten Cuticula möglich. Wir sehen denn auch, daß die Insekten während ihres Lebens bis zur Erreichung ihrer definitiven Größe einige oder zahlreiche „Häutungen" durchmachen müssen. Die alte Haut reißt, gewöhnlich im Nacken des Tieres, auf und wird als ein Ganzes abgestreift. Unter ihr hat schon vor der Häutung die Epidermis eine neue, weitere Cuticula abgeschieden. Diese ist anfangs weich und faltig. Bald wird sie aber von den inneren Teilen des Körpers, die an Masse zugenommen haben, ausgedehnt und erhärtet an der Luft zu einem neuen starren Panzer.

Die Cuticula ist entweder einfach glatt oder mit vertieften oder erhöhten Punkten, Streifen usw. in mannigfacher Weise geziert, außerdem oft mit längeren, lose anhaftenden Fortsätzen ausgestattet, den Haaren, Dornen und Schuppen.

Die Haare (h) sind meist einfache, schlanke und glatte Fortsätze. Sie sind immer in ein besonderes Grübchen der Cuticula eingelenkt und auf einem kleinen Ring beweglich befestigt. Das Grübchen ist stets die Mündung eines die Cuticula durchsetzenden Porenkanals. Das hängt mit der Entstehungsweise der Haare zusammen. Jedes wird von einer einzigen Epidermiszelle gebildet. Diese sendet einen Fortsatz nach außen, der an seiner Oberfläche eine Chitinhülle ausscheidet. Demgemäß läßt sich auch in dem fertigen, erstarrten Haar meist noch eine Achse von Zellsubstanz oder Plasma nachweisen. Seltener als glatte Haare sind verzweigte oder gefiederte, wie sie besonders schön an der Pollenbürste und dem Körbchen der Bienen vorkommen. An ihrer rauhen Oberfläche haftet der etwas klebrige Blütenstaub natürlich besser als an glatten Haaren. Besonders große und starke Haare pflegen Borsten genannt zu werden. Mit kleinen, seitlichen, nach der Spitze gerichteten Dörnchen sind die berüchtigten „Gifthaare" der Prozessionsraupen (Thaumatopoea, s. S. 115) besetzt. Sie sind mikroskopisch klein und stehen dicht gedrängt an bestimmten Stellen, den sog. „Spiegelflecken", auf den Rückenschildern der Raupe. Ihre Zahl ist sehr groß, bis 720 000 an einem Tier. Sie brechen bei der leisesten Berührung ab, dringen mit ihren feinen Spitzen in die menschliche Haut ein und rufen hier einen brennenden Juckreiz und heftige Entzündungen hervor. Eine wirkliche Giftwirkung liegt nach neueren Untersuchungen nicht vor, sondern nur ein rein mechanischer Reiz.

Die Schuppen, wie sie am bekanntesten bei den Schmetterlingen sind, aber auch bei zahlreichen anderen Insekten (Köcherfliegen, s. S. 112, Käfer, Fliegen usw.) vorkommen, sind umgebildete Haare. Sie können in sehr verschiedenen Formen auftreten: fächerförmig mit stark verbreiterter Fläche, haarförmig mit schlanker Spitze, federbuschförmig mit zerschlitztem Spitzenteil. Immer aber sind sie mit einem besonderen schlanken Stielchen in das Grübchen der Cuticula eingelenkt. Ihre Bildung ist sehr ähnlich jener der einfachen Haare. Auch die Schuppen werden stets von je einer Zelle gebildet. Nur pflegt sich der Plasmafortsatz an seinem äußeren Ende zu einer Blase zu erweitern, die später abgeplattet wird und mannigfaltige Formen annehmen kann. Auch die Schuppen sind innen hohl und umschließen einen Plasmarest oder, wenn dieser zugrunde gegangen ist, Luft. Zuweilen können im Chitin selbst noch besonders feine, lufthaltige Kanälchen ausgebildet sein.

Besondere Erwähnung verdienen die Duftschuppen mancher männlichen Schmetterlinge. Sie sitzen an ganz bestimmten Stellen der Flügel. Ihre Bildungszellen liefern ein ätherisches Öl, das einen feinen, auch für den Menschen wahrnehmbaren Duft ausströmt. Man schreibt ihm eine geschlechtlich erregende Wirkung auf das Weibchen zu, die allerdings wohl nur in nächster Nähe, bei der Begattung selbst, zur Geltung kommt.

Die Haut der Insekten ist auch der Sitz ihrer so verschiedenartigen, oft so bunten und prächtigen Färbungen. Diese werden entweder durch besondere Farbstoffe oder Pigmente hervorgerufen, oder aber sie sind rein optische Erscheinungen, bedingt durch den feineren Bau der Cuticula und ihrer Anhangsgebilde. Danach lassen sich unterscheiden:

a) Pigmentfarben. Die Pigmente können sich in beiden Hautschichten, sowohl in der Cuticula als auch in der Zellenhaut finden. Danach kann man die Pigmentfarben einteilen in:

α) Chitinfarben. Die Cuticula kann gelb, rot, braun bis fast schwarz gefärbt sein. Immer ist der Farbstoff nur in den oberen Schichten der Cuticula enthalten. Chitinfarben verbleichen nach dem Tode nicht und lassen sich durch Kochen mit Alkohol nicht ausziehen.

β) Epidermisfarben. Die Farbstoffe sind in und zwischen den Zellen abgelagert. Es sind hauptsächlich gelbe, orangefarbene, rote, grüne, in manchen Fällen auch weiße Farben. Nach dem Tode des Insekts bleichen sie mehr oder weniger schnell aus und lassen sich durch Kochen mit Alkohol ausziehen. Sie stammen entweder von fettartigen Substanzen her oder aus dem Blut. Die grüne Färbung mancher Insekten (Raupen und Heuschrecken) kann auch direkt durch das mit der Nahrung aufgenommene Blattgrün (Chlorophyll) bewirkt sein.

b) Strukturfarben. Hierher gehören alle blauen Farben, zuweilen auch ein reines, tiefes Schwarz oder ein leuchtendes Weiß, ferner alle metallisch glänzenden und Schillerfarben. Sie alle werden hervorgerufen durch Interferenz oder totale Reflexion des Lichtes. In vielen Fällen, namentlich bei metallisch glänzenden Käfern, setzen sich die äußersten Schichten der Cuticula aus ganz feinen, übereinanderliegenden Blättchen zusammen, die die genannten optischen Erscheinungen bewirken. Erhöht kann der Glanz noch werden durch Pigmente in den tieferen Schichten, die als trübes Medium wirken. Auch kann zwischen den feinen Chitinblättchen Luft eingelagert sein, die ihrerseits Interferenz oder totale Reflexion hervorruft. Letzteres ist immer der Fall bei metallglänzenden oder schillernden Schuppen, wie sie besonders viele Schmetterlinge zeigen. Wird die Luft durch Einlegen in Alkohol aus den Schuppen verdrängt, so verschwindet der Schiller, tritt aber nach Trockenwerden der Flügel wieder auf. Natürlich können am selben Insekt Pigment- und Strukturfarben gleichzeitig auftreten.

4. Innerer Bau der Insekten. Fig. 29.

A. Die Leibeshöhle.

Die Leibeshöhle der Insekten ist vom Kopf bis zur Hinterleibsspitze vollkommen einheitlich und läßt keinerlei Gliederung durch Querwände erkennen. Dagegen wird sie wenigstens im Hinterleibe durch zwei horizontale Scheidewände, die Zwerchfelle, in drei übereinandergelegene Stockwerke zerlegt (Fig. 28), eine Rücken-, eine Bauch- und eine Hauptkammer. Die Lagerung der wichtigsten Organe in der Leibeshöhle ist folgende (Fig. 28). Zu oberst, direkt unter der Haut liegt das Herz oder Rückengefäß. Darunter der Darmkanal mit den Harnorganen. Im Hinterleib finden sich links und rechts unter ihm noch die Geschlechtsorgane. Zu unterst liegt endlich der Hauptnervenstrang. Die Atmungsorgane durchziehen den ganzen Körper. (Vgl. auch Fig. 29.)

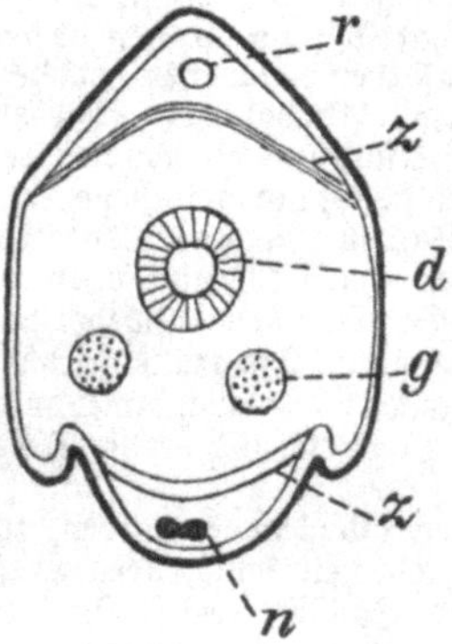

Fig. 28.
Schematischer Querschnitt durch ein Insekt. *r* Rückengefäß; *z* Zwerchfell; *d* Darm; *g* Geschlechtsorgan; *n* Bauchmark.

Erfüllt ist die Leibeshöhle außerdem von dem sog. Fettkörper, der alle inneren Organe umgibt. Er besteht aus großen, weißlichen Zellen, die in Haufen, Strängen, Netzen angeordnet sind. Die Zellen enthalten sehr zahlreiche Fetttröpfchen. Besonders reich entwickelt ist der Fettkörper bei Larven, viel schwächer bei erwachsenen Insekten. Er wird also während der Entwicklung aufgebraucht, dient mithin wahrscheinlich als Reservenahrung. In seinen Zellen finden sich neben den Fetttröpfchen, besonders reichlich bei älteren Tieren, rundliche Konkremente von harnsauren Salzen. Das läßt darauf schließen, daß der Fettkörper auch dazu dient, die Endprodukte des Stoffwechsels in sich anzuhäufen und so für das Tier unschädlich zu machen. Er ist also wahrscheinlich auch als sog. Speicherniere zu betrachten.

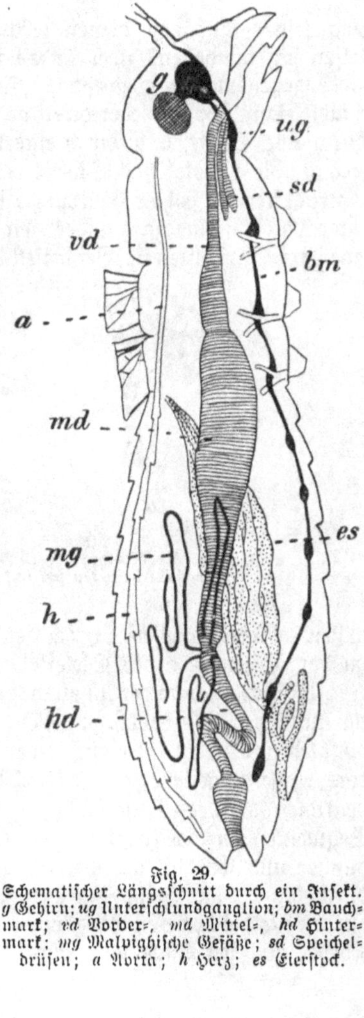

Fig. 29.
Schematischer Längsschnitt durch ein Insekt. *g* Gehirn; *ug* Unterschlundganglion; *bm* Bauchmark; *vd* Vorder-, *md* Mittel-, *hd* Hintermark; *mg* Malpighische Gefäße; *sd* Speicheldrüsen; *a* Aorta; *h* Herz; *es* Eierstock.

B. Muskulatur.

Die Muskeln der Insekten setzen sich fast ausschließlich aus quergestreiften Fasern zusammen*). Glatte Muskelfasern finden sich nur am Darm, an den Eierstöcken und Eileitern und an den Blutgefäßen.

Am wichtigsten sind die Muskeln, die der Bewegung des Körpers

*) Das Nähere über den feineren Bau des Muskelgewebes s. in v. Wagner, Tierkunde, Sammlung Göschen, 60. Band, Seite 29.

und seiner Anhänge dienen. An jedem solchen Muskel lassen sich mindestens zwei Enden unterscheiden, die sich an zwei gegeneinander bewegliche Skeletteile anheften. Der Muskel kann sich entweder direkt an das Skelett ansetzen oder durch eine Sehne, d. h. durch eine besondere schlanke Chitinspange, die Muskel und Skelett verbindet. Da das Skelett der Insekten ein hohler Hautpanzer ist, so muß die Ansatzweise ihrer Muskeln eine ganz andere sein als bei den Wirbeltieren mit ihrem Innenskelett. Bei diesen heftet sich der Muskel von

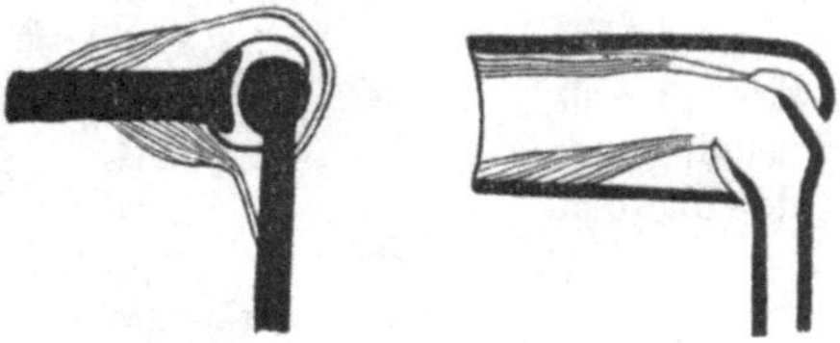

Fig. 30.
Schema des Verhältnisses von Muskulatur zum Skelett: bei Wirbeltieren (*w*) und Insekt (*i*).

außen an den Knochen an, bei den Insekten dagegen ist er an der Innenfläche des Skeletteiles befestigt (vgl. Fig. 30).

Im Körperstamm der Insekten ist am wichtigsten die Längsmuskulatur. Diese besteht aus vier starken Muskelzügen, zwei dorsalen und zwei ventralen. Jeder besitzt in jedem Segment eine Anheftungsstelle — die dorsalen an den Rücken-, die ventralen an den Bauchschildern. Zwischen den einzelnen Segmenten ist das Chitin, wie oben (s. S. 19) erwähnt, dünner und weicher, als sog. Gelenkhaut, ausgebildet. Dadurch können die Segmente aneinander verschoben werden. Ziehen sich die dorsalen Längsmuskeln zusammen, so wird der Körper nach der Rückenseite, durch Zusammenziehen der ventralen Längsmuskeln nach der Bauchseite gekrümmt (Fig. 31). Durch Kontraktion der Muskeln auf der rechten oder linken Seite, während die entgegengesetzten schlaff bleiben, sind auch seitliche Krümmungen auf einfache Weise ermöglicht.

Außerdem besitzen die Insekten noch Muskeln, die sich am Rücken- und Bauchschild je eines Segmentes anheften und die Leibeshöhle quer vom Rücken zum Bauch durchsetzen. Durch ihre Kontraktion und Erschlaffung kann der Körper von oben nach unten zusammengedrückt und wieder ausgedehnt werden. Die Kontraktion dieser Muskeln bewirkt außerdem eine Verlängerung des Körpers. Denn die elastischen, etwas eingefalteten Gelenkhäute werden durch den Muskeldruck gerade gestreckt und so die Segmente voneinander entfernt, der ganze Körper verlängert. So einfach, wie eben geschildert, pflegen die Verhältnisse nur im Hinterleib zu sein. Im Kopf sind bei Insekten mit kauenden Mundwerkzeugen am kräftigsten die Muskeln der Oberkiefer. An der Innenseite eines jeden von ihnen ist ein sehr starker Muskel befestigt, der Senker, der durch Kontraktion das Schließen der Kiefer bewirkt. Er nimmt jederseits einen großen Teil der Kopfhöhle ein (Fig. 32). Ihm entgegen wirkt ein kleinerer und schwächerer Muskel, der Heber. Unterkiefer und Unterlippe haben in ähnlicher Weise ihre Heber und Senker; dazu kommen bei ihnen noch je zwei Vorzieher, die die Gliedmaßen vor- und rückwärtsbewegen.

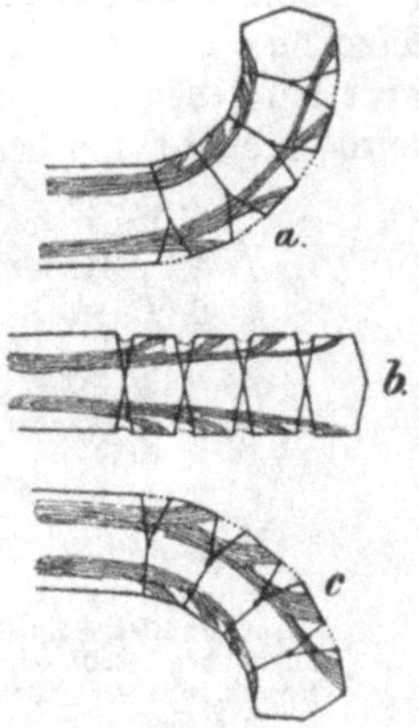

Fig. 31.
Schema der Wirkungsweise der Stammesmuskulatur.
a Zusammenziehen der dorsalen, *c* der ventralen Längsmuskeln; *b* Ruhelage.

Bei saugenden und stechenden Insekten ist die Muskulatur des Kopfes stark verändert. Die Muskeln der Kiefer sind verkümmert oder fehlen ganz. Dafür sind besondere Saugmuskeln ausgebildet. Zwischen dem Schlunde und der Kopfwand spannen sich mehrere starke Muskeln aus. Hinter ihnen ist der Schlund von einem kräftigen Ringmuskel umgeben (Fig. 33). Während des Saugens kontrahieren sich alle diese Muskeln. Dadurch wird der Schlund vorn erweitert, hinten aber durch den Ringmuskel abgeschlossen. Die Luft in ihm wird verdünnt und der flüssige Inhalte des Rüssels wird in

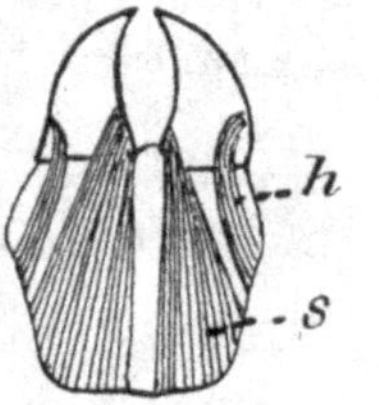

Fig. 32.
Horizontaler Schnitt durch den Kopf eines Käfers. *s* Senker, *h* Heber des Oberkiefers.

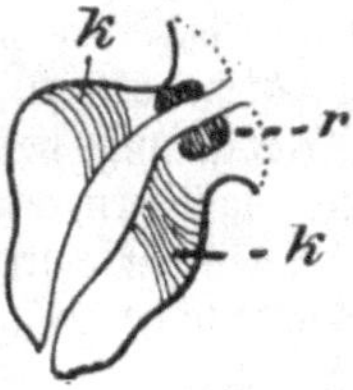

Fig. 33.
Längsschnitt durch den Kopf einer Stechmücke. *r* Ringmuskel d. Schlundes; *k* Kopfmuskeln.

den Schlund gehoben. Erschlaffen die Muskeln, so öffnet sich der Schlund nach hinten, wird vorn aber verengert. Sein Inhalt wird also nach hinten in die Speiseröhre gedrängt.

Die Antennen werden als Ganzes bewegt durch die Muskeln, die sich innen im 1. Glied anheften. Ferner ist jedes einzelne Glied für sich beweglich durch zwei Muskeln, die aus dem vorhergehenden Gliede kommen.

In der Brust ist die Muskulatur des Körperstammes, die die Beweglichkeit der einzelnen Segmente vermittelt, kräftig entwickelt und kompliziert gestaltet. Es lassen sich Hebe-, Senk- und Drehmuskeln unterscheiden sowohl für die einzelnen

Brustsegmente als auch für Kopf und Hinterleib, die ja ebenfalls mit der Brust beweglich verbunden sind.

Mittel- und Hinterbrust sind auch der Sitz der Flugmuskeln. Sie entspringen von den seitlichen und unteren Wandungen der Segmente und zerfallen in:

1. Direkte (Fig. 34). An jeden Flügel gehen ein Paar Heber. Sie entspringen von den Bauchschildern und heften sich, der größere an der Randader, der kleinere am hinteren Teil der Wurzel des Flügels an. Ebenfalls von den Bauchschildern entspringen die beiden Senker und treten von

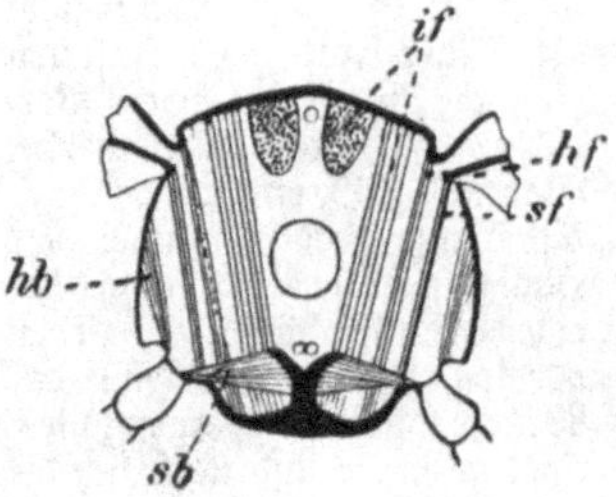

Fig. 34.
Schematischer Querschnitt durch die Brust eines Insekts.
hf Heber, *sf* Senker des Flügels; *if* indirekte Flugmuskeln; *hb* Heber; *sb* Senker des Beines.

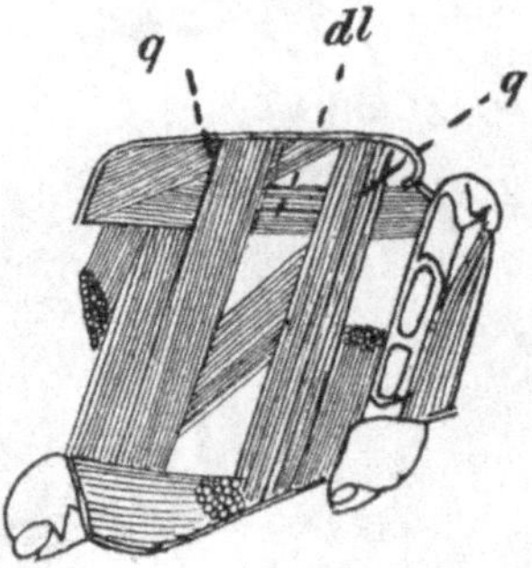

Fig. 35.
Längsschnitt durch den 3. Brustring eines Käfers:
dl dorsaler Längsmuskel; *q* Quermuskeln.

unten an den Hinterrand des Flügels heran. Die direkten Flugmuskeln bewirken nur eine einfache Auf- und Abwärtsbewegung der Flügel. Bei den Libellen kommen hierzu noch zahlreiche kleinere Muskeln, die Änderungen in der Flügelstellung ermöglichen (s. o. S. 31).

2. Indirekte (Fig. 35), und zwar dorsale Längsmuskeln, die die Brustsegmente untereinander verbinden, und mehrere große, balkenförmige, quere Muskeln, die zwischen Rücken- und Bauchschildern ausgespannt sind. Ziehen sich die Längsmuskeln zusammen, so wird der Flügel gehoben. Kontraktion der queren Muskeln bewirkt dagegen Senkung des Flügels.

Die Brustsegmente enthalten ferner die Muskeln für die 3 Beinpaare. Sie zerfallen in Streck-, Beuge- und Drehmuskeln. Ihre Anordnung geht aus Fig. 36 hervor. Sie sind alle nur kurz, stehen aber mit langen Sehnen in Verbindung.

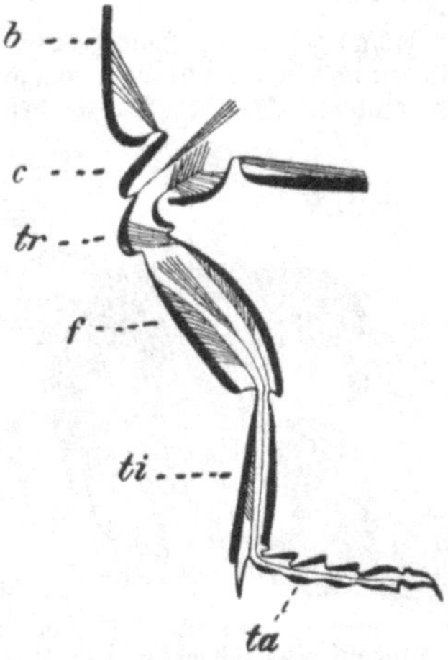

Fig. 36.
Schema der Muskelansätze in einem Insektenbein.
b Brust; *c* Hüfte; *tr* Schenkelring; *f* Schenkel; *ti* Schiene; *ta* Fuß.

Die Muskelkraft der Insekten ist im Verhältnis viel größer als die der Säugetiere. Während z. B. ein Pferd kaum ³/₄ seines Körpergewichts ohne mechanische Hilfsmittel von der Stelle ziehen kann, ziehen Insekten Lasten, die ein Vielfaches ihres eigenen Gewichts betragen. Dabei steht die Muskelkraft der Insekten vielfach im umgekehrten Verhältnis zu ihrer Körpergröße. Während z. B. ein großer Laufkäfer nur das 17fache, die Honigbiene das 20fache des eigenen Gewichts zu ziehen vermag, schleppt der Floh das 80fache seines Körpergewichtes. Viel geringer sind natürlich die Lasten, welche springende oder fliegende Insekten zu tragen imstande sind. Immerhin können noch manche Heuschrecken das Dreifache ihres Gewichtes beim Sprunge mit sich führen; und eine fliegende Honigbiene vermag noch ³/₄ ihrer eigenen Körperlast durch die Luft zu tragen.

C. Nervensystem.

Das Nervensystem der Insekten ist eine sog. Ganglienkette, wie sie auch den anderen Gliederfüßlern (Krebse, Spinnentiere, Tausendfüßler) und den Ringelwürmern zukommt. Eine solche setzt sich zusammen aus hintereinandergelegenen Nervenknoten oder Ganglien, die aus je zwei deutlich unterscheidbaren Hälften, einer rechten und einer linken, bestehen. Verbunden wird jedes Doppelganglion mit dem darauffolgenden durch zwei Nervenstränge. Dadurch erhält das ganze die Kettenform, die ihm seinen Namen gegeben hat. Ursprünglich kommt auf jedes Segment ein Ganglion. Das ist bei den Insekten aber nur noch in frühen Embryonalstadien der Fall. Später treten immer umfangreichere Ver-

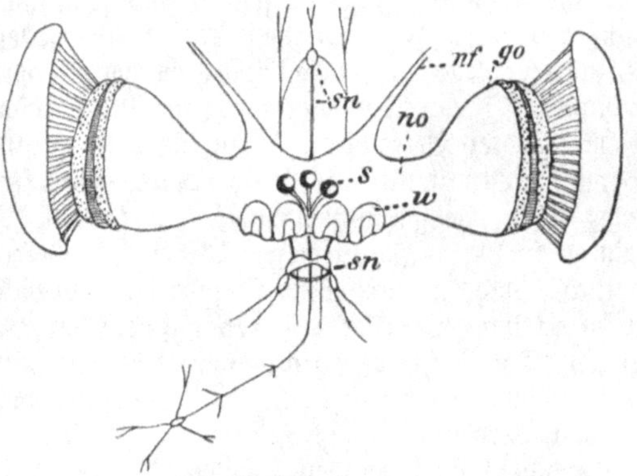

Fig. 37.
Schema des Oberschlundganglion oder Gehirn eines Insekts.
w Gehirnwindungen; *no* Augennerv; *go* Augenganglion; *nf* Fühlernerv; *s* Stirnaugen; *sn* Nerven und Ganglion des sympathischen Nervensystems.

schmelzungen aufeinanderfolgender Ganglien ein, so daß größere Nervenknoten entstehen, die eine ganze Anzahl verschmolzener Ganglien enthalten.

Als wichtigste Teile der ganzen Ganglienkette (vgl. Fig. 29) werden unterschieden: das Oberschlundganglion oder Gehirn, im Kopfe über dem Schlunde gelegen, der einzige dorsale Teil des ganzen Systems, ferner das Unterschlundganglion, gleichfalls im Kopfe, aber auf der Ventralseite gelegen, und das

Bauchmark in Brust und Hinterleib, aus einer wechselnden Zahl aufeinanderfolgender Ganglien bestehend. Die beiden Schlundganglien bilden mit den sie verbindenden Nervensträngen einen geschlossenen Ring, den sog. Schlundring, der den Schlund umgibt. Ober- und Unterschlundganglion sind immer aus je drei Ganglien verschmolzen. Ersteres ist besonders mächtig entwickelt und kompliziert gebaut (Fig. 37). Wie alle Ganglien der Insekten setzt es sich zusammen aus einer äußeren Rinde von Ganglien- oder Nervenzellen und der im Innern gelegenen Punktsubstanz, die hauptsächlich aus einem dichten Filz durcheinander gewirrter Nervenfasern besteht. Bei äußerer Betrachtung lassen sich zwei Hirnhälften oder Hemisphären unterscheiden, die bei den höheren Insekten allerdings sehr enge zusammengerückt sein können. Ihnen sitzen hinten die sog. pilzhutförmigen Körper oder Becher auf, als deutliche Verdickungen. Sind sie sehr stark entwickelt, so weisen sie an ihrer Oberfläche Falten auf, die sog. Gehirnwindungen. Die Becher bestehen aus einer dichten Ansammlung sehr kleiner Ganglienzellen, von denen aus mächtige Bündel von Nervenfasern ins Innere des Gehirns ziehen. Da sie besonders stark bei den sozialen Insekten (Wespen, Bienen, Ameisen) entwickelt sind, vermutet man in ihnen hauptsächlich den Sitz der höheren geistigen Fähigkeiten; den Halbflüglern (s. S. 129) sollen sie ganz fehlen. Seitlich gehen von den Hirnhälften die kurzen dicken Sehnerven ab, die sich bald zu den Augenganglien der Seitenaugen erweitern.

Die übrigen Ganglien sind ähnlich gebaut wie das Gehirn, nur einfacher. Die beiden Hälften jedes Ganglions sind innerlich durch einen queren Nervenstrang verbunden. Das Bauchmark besteht beim erwachsenen Insekt im Höchstfalle aus 3 Ganglien in der Brust und 8 im Hinterleib. Da dieser ursprünglich aus 12 Segmenten besteht, müßten wir eigentlich ebensoviel Hinterleibsganglien erwarten. Es ist aber immer das letzte Ganglion aus mehreren verschmolzen und deshalb auch gewöhnlich das größte des ganzen Hinterleibes. Bei den meisten Insekten sind aber noch weitere Verschmelzungen im Bereich des Bauchmarks zu konstatieren. Fig. 38 gibt einige Beispiele für den verschiedenen Grad der Konzentration des Zentralnervensystems bei verschiedenen Insekten. Von den Ganglien gehen, wie bei allen Tieren, die Nerven an die verschiedenen Organe ab. Aus dem Gehirn entspringen außer den schon erwähnten Sehnerven der Seitenaugen noch zwei oder drei Nerven für die Stirnaugen sowie die Riechnerven, die in die Fühler eintreten. Das Unterschlundganglion entsendet Nerven an die Mundgliedmaßen und die Speicheldrüsen. Die Brustganglien versorgen vor allem die Beine und Flügel mit Nerven. Außerdem gehen von allen Ganglien des Bauchmarks Nerven an die Muskulatur des betreffenden Segments und

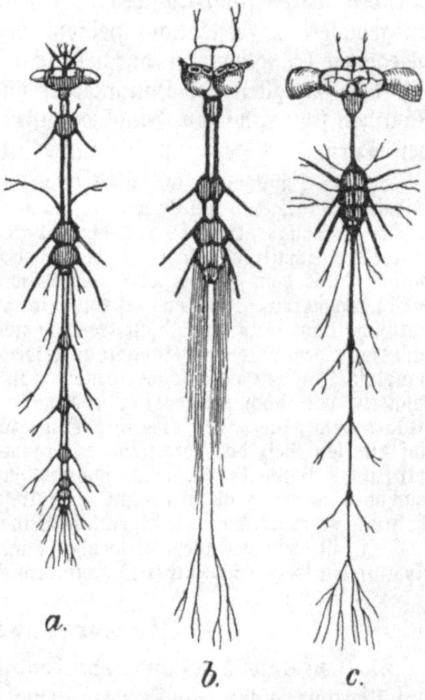

Fig. 38. Ganglienketten verschiedener Insekten. *a* Ameise; *b* Maikäfer; *c* Schmeißfliege.

an die Haut mit ihren Sinnesorganen. Das letzte Hinterleibsganglion gibt schließlich noch Nerven an die Geschlechtsorgane ab.

Wie bei den Wirbeltieren ist auch bei den Insekten noch ein besonderes sympathisches oder Eingeweidenervensystem ausgebildet. Es besteht aus kleinen, jederseits hintereinander gelegenen Ganglien, die durch Nervenfasern unter sich und mit den Ganglien des Hauptnervensystems verbunden sind. Von den sympathischen Ganglien entspringen die Nerven für den Darm, das Herz und die Luftröhren oder Tracheen.

Bei den Insekten ist noch jedes Ganglion der Sitz selbständiger Lebensäußerungen. Durchschneidet man einem Insekt an einer Stelle die Längsnerven, so wird die Tätigkeit der Ganglien, welche hinter der Schnittstelle liegen, nicht aufgehoben, obgleich ihre Verbindung mit dem Gehirn völlig unterbrochen ist. Werden z. B. die Längsnerven zwischen erstem und zweitem Brustganglion durchschnitten, so ist das Insekt trotzdem noch imstande, die Flügel und die beiden hinteren Beinpaare zu bewegen. Ebenso können enthauptete Insekten oder solche, denen man das Gehirn herausgeschnitten hat, noch wochenlang leben und ihre Gliedmaßen und Flügel bewegen. Aber alle ihre Bewegungen schehen nur noch auf direkten Reiz des betreffenden Organs. Ein gehirnloses Insekt frißt z. B. wohl noch, wenn ihm das Futter zwischen die Kiefer geschoben wird, es ist aber nicht mehr imstande, selbständig seine Nahrung zu ergreifen. Die eigentliche Willenstätigkeit ist erloschen. Ihr Sitz ist eben das Gehirn, welches außerdem das zweckmäßige Zusammenarbeiten sämtlicher Organe bewirkt.

D. Sinnesorgane.

Als hochentwickelte und sehr bewegliche Tiere sind die Insekten mit zahlreichen Sinnesorganen ausgestattet, die dem Zentralnervensystem Reize verschiedener Art vermitteln und das Tier über Zustände und Veränderungen seiner Umgebung unterrichten. Wir dürfen aus mancherlei Versuchen folgern, daß die Insekten gleich uns imstande sind, zu fühlen, zu riechen, zu schmecken, zu hören und zu sehen. Daneben mögen die

Insekten noch anderer Sinnesempfindungen fähig sein, von denen wir uns keine Vorstellung machen können, weil wir sie nicht besitzen.

a) Hautsinnesorgane.

Außer speziellen höheren Organen sind bei den Insekten weit verbreitet die sog. Hautsinnesorgane. Sie bestehen immer aus einem chitinösen Endapparat und einer oder mehreren Sinneszellen, die einen Fortsatz in den Chitinapparat entsenden. Die Sinneszellen stehen wieder mit einer von einem Ganglion kommenden Nervenfaser in Verbindung. Solche Hautsinnesorgane können sich auf den verschiedensten Körperteilen finden. Am zahlreichsten sind sie auf den Fühlern und Tastern, auf der Innenwand des Schlundes und auf den Flügeln. Im einzelnen kann ihre Form und damit ihre Aufgabe recht verschieden sein. Am häufigsten und am besten bekannt sind folgende:

1. Sinneshaare. Sie unterscheiden sich von einfachen Haaren nur durch die an ihrem Grunde gelegene Sinneszelle mit ihrem Nervenfortsatz. Sie sind die am weitesten verbreiteten Hautsinnesorgane. Außer auf Fühlern, Tastern und in der Mundhöhle finden sie sich auch auf Raifen und Griffeln, sowie zerstreut auf der ganzen Haut. Höchst wahrscheinlich sind sie Organe des Tastsinnes. Eine Berührung des Haares übt auf den in ihr verlaufenden Fortsatz der Sinneszelle einen Reiz aus, der von dem Nerven weitergeleitet wird.

2. Sinnesschuppen. Sie unterscheiden sich von den Sinneshaaren nur durch ihre schuppenförmige Gestalt. Sie finden sich auf den Flügeln der Schmetterlinge zwischen gewöhnlichen Schuppen und haben wohl eine ähnliche Aufgabe wie die Sinneshaare.

3. Sinneskegel. Sie sind kurze, stumpfe Chitinzapfen mit ganz zarter Wand und zuweilen mit einer äußeren Öffnung. Sie stehen entweder frei auf der Cuticula (flächenständige Kegel) oder auf besonderen Chitinzapfen (gestielte Kegel) oder in Gruben (Grubenkegel). Sie finden sich auf Fühlern, Tastern und in der Mundhöhle. Man hält sie für Geruchs- und Geschmacksorgane. Für ersteres spricht, daß sie auf den Fühlern der Männchen viel zahlreicher und

dichter gestellt sind als auf denen der Weibchen. Denn wir wissen, daß die männlichen Insekten die weiblichen vermittels ihrer großen Fühler auf große Entfernungen „wittern".

b) Saiten- oder Chordotonalorgane (Fig. 39).

Weit verbreitet sind bei den Insekten an verschiedenen Körperstellen die sog. Saiten- oder Chordotonalorgane, die

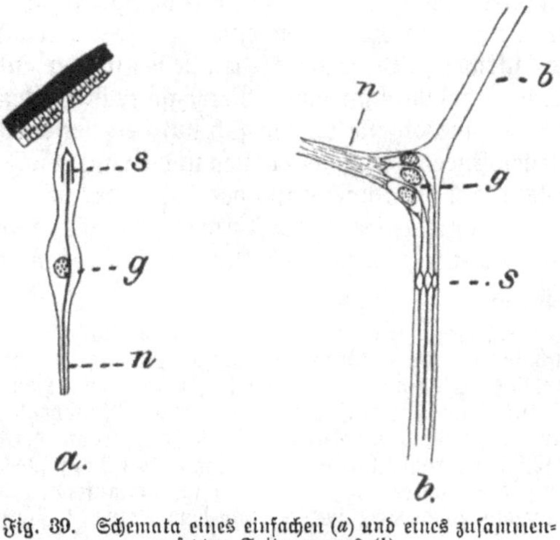

Fig. 39. Schemata eines einfachen (*a*) und eines zusammengesetzten Saitenorgans (*b*).
g Ganglienzelle; *s* Stiftchenträger; *n* Nerv; *b* Band.

man mit einigem Recht als Hör- oder in gewissen Fällen auch als Gleichgewichtsorgane deutet. Sie liegen stets im Innern des Körpers und besitzen keine auf der äußeren Haut gelegenen Endapparate. Im einfachsten Falle haben sie eine einzige Sinneszelle (Fig. 39 a), die am inneren Ende mit einer Nervenfaser in Verbindung steht. Nach außen setzt sich die Sinneszelle in einen hohlen Fortsatz, den Stiftchenträger, fort, der sich an der Innenfläche der Körperhaut anheftet. In seinem Innern verläuft ein Fortsatz der Nervenfaser, die in einem hohlen Stift mit kegelförmiger Spitze endigt. Meist sind zahlreiche Sinneszellen und Stiftchenträger zu einem Bündel vereinigt (Fig. 39 b). Dann sind die Schläuche hinter dem Stift meist rechtwinkelig abgeknickt und verlaufen ungefähr parallel zur Oberfläche der Haut bis zu ihrer Anheftungsstelle. Von der Knickung geht dann ein Band ab, das den Apparat mit einer anderen Hautstelle in Verbindung setzt. Immer bildet das Organ allein oder mit dem Bande eine Art Saite (Chorda, daher der Name des Organs), die zwischen Nerv und Haut oder zwischen 2 Hautstellen ausgespannt ist. Gerät die Haut in Schwingungen, so schwingt die Saite mit, und zwar kann sie, wie Versuche zeigen, auch durch Schallwellen in Schwingung versetzt werden. Zuweilen kann die Resonanz noch durch benachbarte größere Tracheenäste unterstützt werden.

Fig. 40. Schiene des Vorderbeines einer Laubheuschrecke mit dem Trommelfellorgan (*t*).

Chordotonalorgane sind gefunden worden an den Beinen und Flügeln sehr zahlreicher Insekten, auf den Fühlern und Tastern mancher Käfer, in mehreren Hinterleibssegmenten bei den Larven von Wasserkäfern und verschiedenen Mücken.

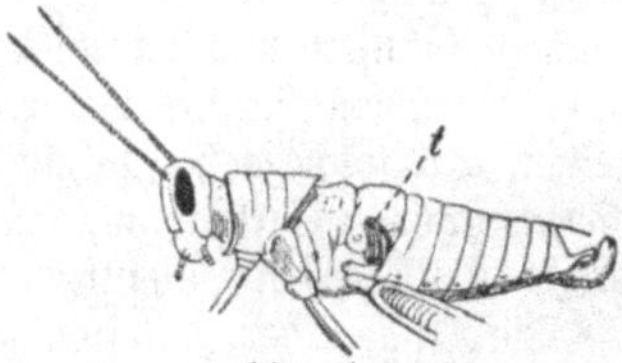

Fig. 41. Körper einer Feldheuschrecke mit dem Trommelfellorgan (*t*).

Den Chordotonalorganen sehr ähnlich sind die Trommelfell- oder Tympanalorgane der Heuschrecken und unterscheiden sich von ihnen hauptsächlich dadurch, daß über der Anheftungsstelle der Stiftchenträger die Haut membranartig zu einem sog. Trommelfell (lat. tympanum) verdünnt ist, das, zwischen einem verdickten Rahmen ausgespannt, durch eine deckelartige Hautfalte geschützt wird (Fig. 40).

Daß wenigstens viele Insekten wirklich hören können, geht schon daraus hervor, daß sie Töne oder wenigstens Geräusche hervorbringen, die, wie sich leicht beobachten läßt, der Anlockung des andern Geschlechts dienen, also von diesem vernommen werden müssen. Die einfachste Methode befolgen dabei manche Ameisen und die als Totenuhr (s. S. 127) bekannten Käfer. Sie klopfen einfach mit ihren harten Oberkiefern auf einer festen Unterlage. Weiter verbreitet ist die Hervorbringung von Schrillauten durch Aneinanderreiben bestimmter Teile des Chitinpanzers. So locken die männlichen Laubheuschrecken und Grillen ihre Weibchen durch die bekannten hohen Töne, die durch Aneinanderreiben feingezähnter Adern, sog. Schrilleisten, an den Vorderflügeln erzeugt werden. Bei den Männchen der Feldheuschrecken befinden sich die Schrilleisten dagegen an der Innenseite der Oberschenkel.

c) Sehorgane.

Die Augen der Insekten sind hochentwickelte und recht kompliziert gebaute Organe. Außer den eigentlichen lichtempfindlichen Teilen (Sehzellen) besitzen sie besondere Vorrichtungen zum Sammeln und Konzentrieren der Lichtstrahlen (Linsen und Kristallkegel) und zum Abblenden unnützer Strahlen (Pigmente). Die Sehzellen sind echte Sinneszellen. Als solche stehen sie an ihrem inneren Ende mit einer Nervenfaser in Verbindung. So kann jeder Reiz, der sie trifft, direkt dem Gehirn zugeführt werden.

Die Augen der Insekten zerfallen in Seitenaugen (gewöhnlich 2) an den Seiten des Kopfes und Stirnaugen (2 oder 3) auf der Stirn oder dem Scheitel. Erstere sind komplizierter gebaut und von größerer Bedeutung für das Leben des Insektes als die Stirnaugen.

Die Oberfläche der gewöhnlich mächtig großen, hochgewölbten Seitenaugen (Fig. 42) erscheint bei schwacher Vergrößerung als aus vier- oder sechsseitigen Feldern zusammengesetzt, den sog. Facetten, die zusammen eine netzähnliche Figur bilden. Man nennt sie deshalb auch Facetten- oder Netzaugen. Die mikroskopische Untersuchung von Durchschnitten solcher Augen zeigt, daß unter jeder Facette ein kleines Teilauge liegt, das folgenden Bau hat (Fig. 43).

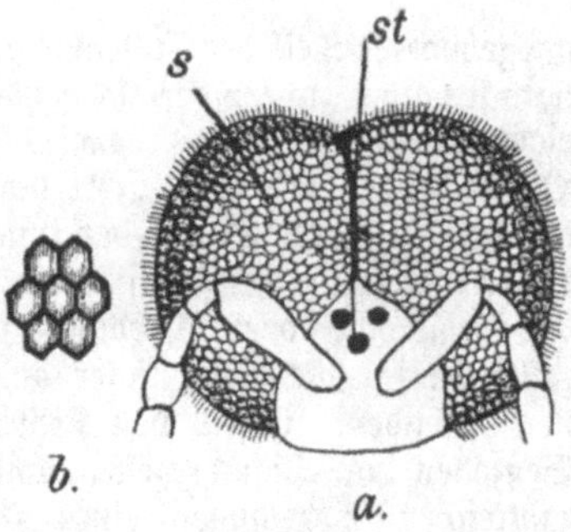

Fig. 42.
a Kopf einer Biene; *s* Seitenaugen; *st* Stirnaugen; *b* einige Facetten stärker vergrößert.

Die Facette selbst ist eine linsenförmige Verdickung der Cuticula, die über dem Auge durchsichtig ist und wie beim menschlichen Auge Hornhaut genannt wird. Unter der Hornhautfacette liegt ein Kranz von 4 Zellen. Jede von ihnen schließt ein durchsichtiges, kegelförmiges Gebilde ein, den Kristallkegel, der gleich der Facette als Kondensor wirkt. Bei vielen Insekten verschmelzen sämtliche 4 Kristallkegel zu einem einzigen, die Mitte der 4 aneinanderstoßenden Zellen einnehmenden. Umgeben werden die Kristallkegelzellen von einer Anzahl von einem dunklen Pigment erfüllter Zellen: Pigment- und Kristallzellen sind nur etwas veränderte Bestandteile der Epidermis. Und wie diese die gesamte Cuticula abscheidet, so bilden die genannten Zellen die über ihnen liegende Hornhautfacette, die ja auch nur ein besonders

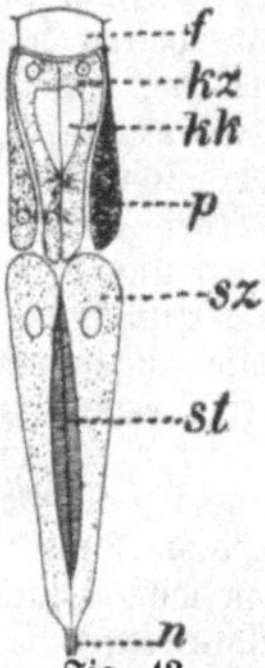

Fig. 43.
Schema des Einzelauges eines Insekts. *f* Hornhautfacette; *kz* Kristallkegelzelle; *kk* Kristallkegel; *p* Pigmentzelle; *sz* Sehzelle; *st* Sehstäbchen; *n* Nervenfaser.

ausgebildeter Teil der Cuticula ist. Nach innen von den genannten noch zur Epidermis gehörigen Zellen folgen erst die eigentlichen Sehzellen. Dieses sind 7 langgestreckte, ein Bündel bildende Zellen. Ihre lichtempfindlichen Teile liegen einander zugewendet auf der inneren Seite der Zellen und bilden hier zusammen ein siebenteiliges stabförmiges Gebilde, das Sehstäbchen oder Rhabdom. Nach innen laufen die Sehzellen in je eine Nervenfaser aus, die vereinigt den Sehnerven bilden. Gleich den Kristallkegelzellen sind auch die Sehzellen von Pigmentzellen umhüllt. So wird jedes der zahlreichen Einzelaugen eines Facettenauges gegen seine Nachbarn optisch isoliert.

Bei den Larven vieler Insekten finden sich an jeder Seite des Kopfes einige kleine Augen, deren Bau, abgesehen von einigen Besonderheiten dem eines der geschilderten Einzelaugen gleicht. Und eines der niedersten Insekten, das sog. Silberfischchen (Lepisma saccharina, s. S. 104), hat auch im erwachsenen Zustande an jeder Seite des Kopfes 12 kleine Augen von ganz ähnlichem Bau. Die weitgehende Übereinstimmung zwischen den Teilen der Facettenaugen und den einzelnen Augen mancher Insektenlarven und des Silberfischchens zeigt uns, wie die mächtigen und komplizierten Seitenaugen der höheren Insekten entstanden sind: einfach durch starke Vermehrung und engen Zusammenschluß der einfachen Augen, bis deren Gesamtheit als ein einheitliches Organ erscheint.

Die Zahl der Facetten und somit der Einzelaugen in jedem Netzauge kann bei den verschiedenen Insektenarten sehr verschieden groß sein. Während die im Dunkeln oder wenigsten in beständiger Dämmerung lebenden Arbeiterinnen mancher Ameisen nur je 50 Facetten besitzen, finden sich in den Augen der Stubenfliege ungefähr 4000, in denen der Libellen bis 17000, ja bei einigen Schmetterlingen hat man sogar bis 27 000 Facetten in jedem Auge gezählt.

Einige Insekten haben an jeder Seite des Kopfes zwei Facettenaugen. Das ist z. B. bei vielen Bockkäfern (Cerambycidae, s. S. 128) der Fall. Hier ist die Verdoppelung einfach durch Teilung eines Auges entstanden, indem die Fühlerwurzel in das Auge hineingerückt ist und dieses in zwei Hälften gespalten hat Das beweisen die Augen anderer Bockkäfer, die durch die Stellung der Fühler bloß stark ausgerandet sind. Eine ähnliche Rolle wie hier die Fühler können bei anderen Insekten besondere Fortsätze der Wange spielen. Interessant sind solche Doppelaugen besonders bei den sog. Taumelkäfern (Gyrinidae, s. S. 127). Die Tiere schwimmen an der Oberfläche des Wassers; dabei ist das eine Auge untergetaucht, das andere befindet sich über dem Wasser. Wahrscheinlich sind sie auch etwas verschieden eingerichtet, die oberen zum Sehen in der Luft, die unteren zum Sehen im Wasser.

Vier Facettenaugen haben auch die Männchen mancher Eintagsfliegen (Ephemeridae, s. S. 110), außer den gewöhnlichen noch 2 größere oben auf dem Kopf, die sog. Turbanaugen. Ihr feinerer Bau läßt erkennen, daß sie auf das Sehen im Dunkeln eingerichtet sind. Sie dienen den Tieren wohl zum Aufsuchen der Weibchen während des Hochzeitsfluges, der bei den Eintagsfliegen ja in später Abenddämmerung vor sich geht.

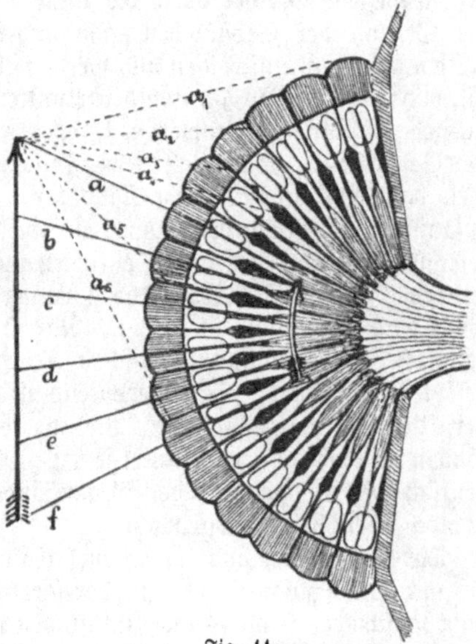

Fig. 44.
Schema des Facettenauges eines Insekts.

Wie sehen nun die Insekten mit ihren Facettenaugen? Von vornherein ist es klar, daß eigentlich jedes Teilauge für sich arbeitet. Denn da sie alle durch undurchsichtige Pigmentscheiden voneinander getrennt sind, bildet jedes für sich eine kleine Dunkelkammer. Aus dem Schema in Fig. 44 geht ferner hervor, daß nur solche Strahlen bis zu den Sehstäbchen gelangen und mithin vom Insekt wahrgenommen werden können, die genau in die Achse des Teilauges fallen. So gelangt z. B. von allen Strahlen, die von der Spitze des Pfeiles AF ausgehen, nur der durch die Linie a dargestellte bis in die Gegend der Sehstäbchen, alle anderen (z. B. a^1—a^4) treffen auf Pigmentscheiden und werden absorbiert. Dasselbe gilt von den Strahlen, die von den Punkten B—F des Pfeiles ausgehen. Nur die Strahlen a, b, c, d, e, f gelangen bis zu den Sehstäbchen. Es kann also jedes Teilauge nur einen kleinen Teil vom Bilde eines Gegenstandes aufnehmen. Erst alle zusammen vermitteln dem Insekt ein Gesamtbild, und zwar, wie aus der Figur hervorgeht, ein verkleinertes, aber aufrecht stehendes. So verhält sich das Facettenauge in seiner Wirkungsweise doch wie ein einziges Auge. Nur ist eben das von ihm gelieferte Bild ein aus zahlreichen Teilbildchen zusammengesetztes Mosaikbild. Sehr bedeutend ist das Sehvermögen der Insekten übrigens nicht. Viel weiter als zwei Meter können sie wohl überhaupt nicht sehen. Ob sie imstande sind, deutliche Bilder von ruhenden Gegenständen wahrzunehmen, ist noch nicht sicher ausgemacht.

Die Stirnaugen sind immer viel kleiner als die Seitenaugen und nie zusammengesetzt oder facettiert. Ihr Bau kann recht verschieden sein. Gewöhnlich finden wir zu äußerst eine Hornhautlinse. Unter dieser liegt eine Schicht durchsichtiger Zellen, denen die Linse ihre Entstehung verdankt. Nach innen folgt dann die Schicht der Sehzellen. Sie lassen fast nie eine regelmäßige Gruppierung erkennen. Es kommt daher auch fast nie zur Bildung von Sehstäbchen. Nach innen setzen sie sich in den Nerv der Stirnaugen fort. Über das Sehen mit den Stirnaugen ist noch nichts Sicheres bekannt. Eine große Bedeutung scheint ihnen nicht zuzukommen. Die Mehrzahl der Insekten hat drei in ein Dreieck gestellte (Fig. 45). Vielen fehlt das mittlere, manche, wie die meisten Käfer, haben überhaupt keine Stirnaugen. Sie fehlen ferner den Insektenlarven.

Eine nicht geringe Zahl von Insekten ist vollkommen augenlos. Solche blinde Tiere kommen in den verschiedensten Ordnungen vor. Die Augenlosigkeit bei Insekten ist eben stets auf Verkümmerung infolge bestimmter Lebensverhältnisse zurückzuführen. Bekannte Beispiele liefern die in unterirdischen, finsteren Höhlen lebenden Formen, namentlich Käfer. Auch manche unter Steinen und in der Erde lebende Käfer haben ihre Augen eingebüßt, ebenso manche, die sich in Ameisenhaufen aufhalten und von den Ameisen gefüttert werden, so daß sie jeglicher Sorge um ihre Nahrung enthoben sind. Augenlos sind auch manche Schmarotzerinsekten, wie die im dunklen Innern der Bienenstöcke hausende, Bienenlaus (Braula coeca, s. S. 119) genannte kleine Fliege und manche auf Fledermäusen, also nächtlichen Tieren, vorkommende Lausfliegen (Nycteribiidae, s. S. 119). Auch die Arbeiterinnen vieler Termiten und manche Ameisen sind blind, bei ihren mannigfachen Verrichtungen also nur auf andere Sinnesorgane, namentlich die Fühler angewiesen.

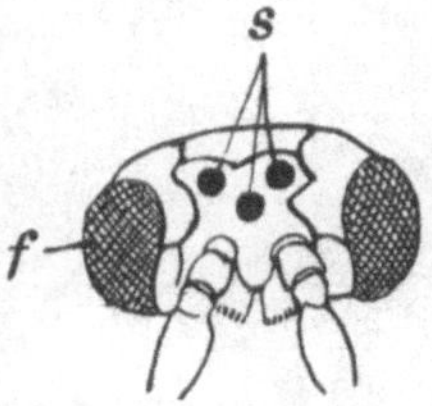

Fig. 45.
Kopf einer Schlupfwespe. *s* Stirnaugen; *f* Facettenaugen.

Schließlich entbehren der Augen sehr viele Larven, die in völliger Finsternis in der Erde, in Aas oder Dung, im Holz usw. leben, und ebenso die Larven der geselligen Insekten, Wespen, Bienen, Ameisen, Termiten, die im Stock aufgezogen und gefüttert werden.

E. Verdauungsorgane.

Der Darmkanal durchzieht den Körper als ein mehr oder weniger kompliziertes Rohr mit allerlei Anhängen. Er beginnt mit dem Munde im Kopf zwischen den Kiefern und endet mit dem After im letzten Segment des Hinterleibes. Nur in wenigen Fällen, hauptsächlich bei Larven, ist er nicht länger als der Körper und dann gerade gestreckt. Meist übertrifft seine Länge die Körperlänge beträchtlich, kann sogar ein Vielfaches von ihr betragen; er ist dann natürlich in zahlreiche Windungen gelegt. Seine Länge steht mit der Beschaffenheit der Nahrung des Tieres in engem Zusammenhang. Insekten, die von leicht verdaulicher Nahrung leben, wie namentlich Fleischfresser und Blutsauger, pflegen einen nur kurzen Darm zu haben. Lang bis sehr lang ist er dagegen bei Pflanzen-, namentlich Holzfressern. Doch läßt diese Regel viele Ausnahmen zu.

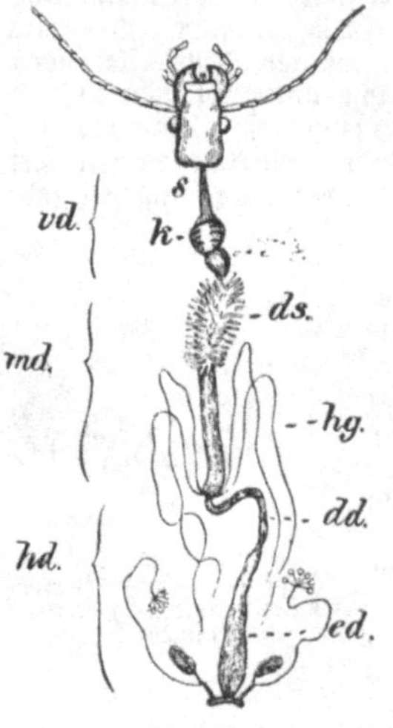

Fig. 46.
Darmkanal eines Laufkäfers. *vd* Vorder-, *md* Mittel-, *hd* Hinterdarm; *s* Speiseröhre; *k* Kropf; *dr* Drüsenschläuche; *hg* Harngefäße; *dd* Dünn-, *ed* Enddarm.

Am Darmkanal unterscheidet man drei Teile: den Vorder-, Mittel- und Hinterdarm. Der Vorderdarm (vd in Fig. 46) beginnt mit der Mundhöhle, die im Kopfe liegt. In sie münden die Speicheldrüsen (s. Fig. 29). Diese sind im einfachsten Falle ein Paar lange unverzweigte Schläuche. Bei manchen Insekten finden sich zwei, drei oder zahlreiche Paare von Speicheldrüsen.

An die Mundhöhle schließt sich die Speiseröhre an. Sie ist immer ein einfaches gerades Rohr, das noch im Kopf beginnt und die Brust durchzieht. Ziemlich geräumig erscheint sie bei Insekten mit kauenden Mundwerkzeugen, die feste Nahrung aufnehmen. Sehr eng ist sie dagegen bei allen saugenden Insekten.

Im Anfangsteil des Hinterleibes erweitert sich die Speiseröhre zu dem mit einer muskulösen Wandung ausgestatteten

Kropf (k in Fig. 46). Er kann bei vielen Insekten sehr groß sein, fehlt dagegen manchen, sich von Blütenstaub ernährenden Käfern ganz. Bei einigen Insekten bildet der Kropf einen besonderen seitlichen Anhang, den man früher Saugmagen (sm in Fig. 47) nannte, obgleich er mit dem Saugen nichts zu tun hat und sich auch bei vielen Insekten findet, die überhaupt nicht saugen (z. B. Wespen, Schaben, Maulwurfsgrille).

Auf den Kropf folgt der letzte Abschnitt des Vorderdarms, der Vormagen (vm in Fig. 46). Er ist kolbenförmig angeschwollen und oft von bedeutender Größe. Bei Insekten, die harte Nahrung zu sich nehmen, also namentlich bei Fleisch- und Holzfressern ist er auf seiner Innenwand mit Chitinzähnen oder -leisten besetzt. Diese sind sehr regelmäßig angeordnet in von vorn nach hinten verlaufenden Feldern. Dadurch gewährt ein solcher Vormagen im Querschnitt ein äußerst zierliches Bild. Besonders schön entwickelt sind Chitinzähne und -leisten im Vormagen bei Heuschrecken, Grillen, Lauf- und Borkenkäfern, Gall- und Blattwespen. An seinem hinteren Ende verengt sich der Vormagen und senkt sich rüsselartig in den auf ihn folgenden Mitteldarm ein, dessen oft stark gefaltete Wandungen um ihn den sog. Trichter bilden.

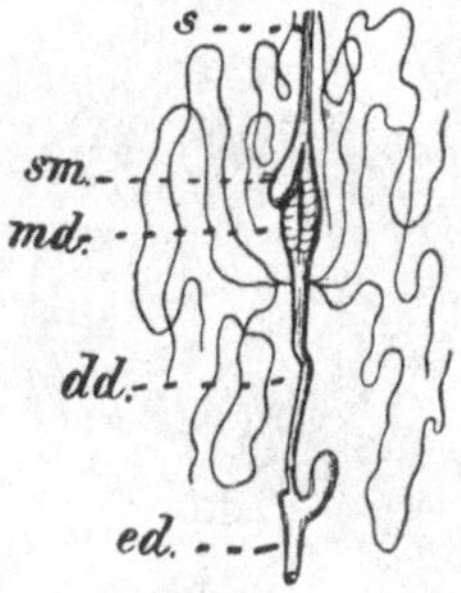

Fig. 47.
Darmkanal eines Schmetterlings.
sm Saugmagen; die anderen Bezeichnungen wie in Fig. 46.

Der Mitteldarm (md in Fig. 46) oder Magen ist in Form und Größe sehr wechselnd. Immer aber ist er ein einfacher Sack, der sich nach hinten zu einem engen Rohr verschmälert. An seinem vorderen Abschnitt trägt er bei Schaben und Grillen Blindsäcke. Bei Lauf- und Wasserkäfern ist er mit kleinen Drüsenschläuchen (dr in Fig. 46) dicht besetzt. An seiner Grenze gegen den Hinterdarm (hd in Fig. 46), die durch die Einmündung der Harngefäße (hg in Fig. 46) bezeichnet wird, ist ein sog. **Pförtner** ausgebildet, d. h. ein System von Wülsten, die in das Innere des Darmes vorspringen und bei Kontraktion der Darmmuskeln den Magen gegen den Hinterdarm abschließen.

Der **Hinterdarm** zerfällt seinerseits in den **Dünndarm** und den Mast- oder Enddarm. Ersterer ist ein einfacher, glatter Schlauch von geringem Umfang, aber manchmal sehr bedeutender Länge. Er ist es, der überhaupt die Länge des ganzen Darmkanals bedingt.

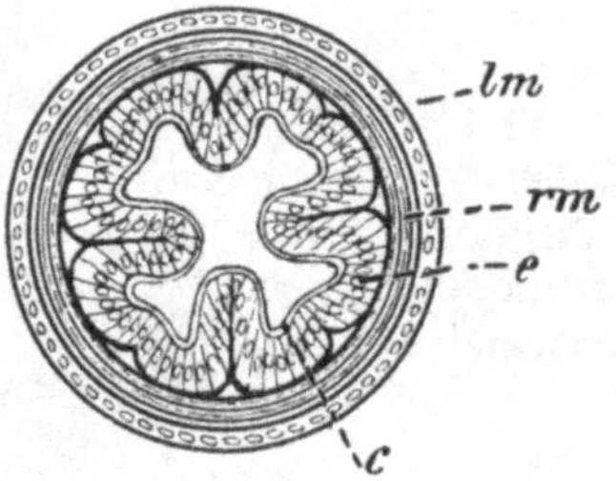

Fig. 48.
Schematischer Querschnitt durch den Mitteldarm eines Insekts.
lm Längs-, *rm* Ringmuskelschicht; *e* Zellenhaut; *c* Cuticula.

Entsprechend seinen Größenverhältnissen ist er entweder gerade gestreckt oder mäßig bis sehr stark gewunden.

Der Mastdarm ist eine verdickte, keulenförmige Anschwellung am hinteren Ende des Darmkanals mit stark muskulöser Wandung. Oft findet sich in seinem Innern ein System von 6 muskulösen Längsfalten, die schon von außen sichtbar sind. Er endet mit dem After am Ende des Hinterleibes.

Was den feineren Bau des Darmkanals anbelangt, so lassen sich in seiner Wand bis fünf verschiedene Schichten unterscheiden (Fig. 48). Außen überzieht ihn ein Bindegewebe, das überhaupt die ganze Leibeshöhle auskleidet. Auf dieses folgt nach innen eine Muskelschicht. Sie besteht selbst wieder aus zwei Lagen. In der äußeren verlaufen die Muskelfasern der Länge nach, in der inneren umgeben sie den Darm ringförmig (Längs- und Ringmuskelschicht).

Die Muskulatur ist am Vorder- und Enddarm, die in erster Linie am Transport der Nahrung beteiligt sind, stark und quergestreift, am Mitteldarm schwächer und aus glatten Fasern zusammengesetzt. Auf die Muskelschichten folgt abermals ein zartes Bindegewebe und dann die Zellenhaut des Darmes. Diese besteht aus hohen Zylinderzellen und ist im Mitteldarm stark gefaltet, wodurch ihre Oberfläche bedeutend vergrößert wird. Im Vorder- und Enddarm ist sie mit einer kräftigen Cuticula ausgestattet, die am Mitteldarm nur ganz zart ist. Diese innerste Schicht des Darmes, die Cuticula, geht am Mund und After in die allgemeine Chitinhaut des Körpers über. Bei allen Häutungen, die jedes Insekt während seiner Entwicklung durchzumachen hat, wird mit der äußeren Haut auch immer die Cuticula des Darmes abgestreift. Sie muß also nach jeder Häutung von der Zellenhaut des Darmes wieder neu gebildet werden.

Gemäß ihrem wechselnden Bau sind auch die Aufgaben, welche die einzelnen aufeinanderfolgenden Teile des Darmkanals zu erfüllen haben, sehr verschieden.

Die Umwandlung der aufgenommenen Nahrung beginnt schon in der Mundhöhle. In diese sondern die Speicheldrüsen eine Flüssigkeit ab, die alkalisch (laugenhaft) reagiert und gleich dem Speichel der Wirbeltiere Stärke in Zucker verwandelt, also ein unlösliches Kohlenhydrat in ein lösliches überführt.

Der Inhalt des Kropfes zeigt entweder neutrale oder alkalische Reaktion. Bei Pflanzenfressern wird in ihm die Umwandlung von Stärke in lösliche Kohlenhydrate fortgesetzt. Bei Fleischfressern dient der Kropf außerdem noch dazu, unlösliche Eiweißstoffe in lösliche, sog. Peptone, zu verwandeln.

Wo der Vormagen als besonderer Kaumagen ausgebildet ist, haben seine Chitinleisten, -zähne und -borsten mehrere Aufgaben zu erfüllen. Durch Aneinanderreiben üben sie eine zermalmende Wirkung auf gröbere und feste Bestandteile der Nahrung, wie Chitinstücke und harte Pflanzenteile, aus. Sie sieben und filtrieren ferner die Nahrung, indem sie die noch nicht aufgelösten oder zu großen Teilchen zurückhalten. Schließlich verhindern sie das Zurücktreten von Nahrung in den Kropf.

Der Inhalt des eigentlichen Magens, der „Magensaft" der Insekten, hat bei Pflanzenfressern neutrale oder alkalische, bei Fleischfressern saure Reaktion. Im Magen werden zunächst die bereits im Vorderdarm begonnenen Verdauungsvorgänge fortgesetzt, also Stärke in Zucker, Eiweiß in Pepton verwandelt. Bei Fleischfressern werden außerdem noch Fette emulsioniert, d. h. verseift und dadurch in einen Zustand gebracht, in dem sie, in feinste Tröpfchen zerstäubt, die Darmwand passieren können.

Im Magen beginnt bereits die Absorption der Nährstoffe, ihre Aufnahme in die Körpersäfte des Tieres. Die Verdauungsprodukte, Zuckerlösungen, Peptone, emulsionierte Fette, gelöste Salze durchdringen die Darmwand und mischen sich dem Blute bei, das in der Leibeshöhle den Darmkanal beständig umspült.

Die Absorption wird noch im Anfangsteil des Dünndarmes, dessen Inhalt neutral oder alkalisch reagiert, fortgesetzt und beendet. Der hintere Abschnitt des Dünndarms und der Mastdarm dienen lediglich der Entleerung der unverdaulichen Nahrungsreste, die hauptsächlich aus Zellulose und Chitin bestehen, je nach der Ernährungsweise des Insekts.

Bei manchen Insekten können Teile des Darmkanals verkümmert sein oder ganz fehlen. So ist die Speiseröhre der Eintagsfliegen durch starke Muskeln dermaßen zusammengeschnürt, daß sie für jegliche Nahrung undurchlässig geworden ist. Die erwachsenen Eintagsfliegen nehmen während ihres kurzen Lebens überhaupt keine Nahrung auf, und auch ihre Mundwerkzeuge sind verkümmert. Ihre im Wasser lebenden räuberischen Larven sind dagegen sehr gefräßig und mit wohlentwickelten Freß- und Verdauungsorganen versehen.

In anderen Fällen, so bei den Larven vieler Wespen, fehlt der After, und auch der Magen ist hinten blind geschlossen, steht also mit dem Hinterdarm in keiner Verbindung. Den Libellen, Eintagsfliegen und manchen Pflanzenläusen fehlt der Hinterdarm vollkommen. Ja die Männchen mancher Blattläuse verlieren bei der letzten Häutung ihren gesamten Darmkanal.

F. Harnorgane. Fig. 29, 46, 47.

Durch den Enddarm der Insekten werden außer den eigentlichen Exkrementen, d. h. den unverdaulichen Nahrungsresten, auch die Endprodukte des Stoffwechsels entleert. Denn in seinen Anfangsteil münden auch die Harnorgane, die sog. Malpighischen Gefäße, die nur wenigen der allerniedersten Insekten fehlen. Sie sind längere oder kürzere, selten verzweigte Schläuche. Während sehr viele Insekten nur wenige Malphigische Gefäße, in der Regel vier, seltener sechs oder bloß zwei, besitzen, finden wir bei anderen sehr zahlreiche, 20—150.

Der feinere Bau der Malpighischen Gefäße ist recht einfach. Zu äußerst findet sich eine Hülle aus Bindegewebe, das zarte, glatte Muskelfasern enthält. Die Gefäße selbst sind ausgekleidet von großen Zellen, die an ihrer Innenfläche eine feine, von Poren durchbohrte Cuticula tragen können. Der Inhalt der Malpighischen Gefäße reagiert stark-alkalisch. In ihm finden sich feste Konkremente von harnsauren, phosphorsauren und anderen Salzen, die als Endprodukte des Stoffwechsels aus dem Blut aufgenommen sind und durch den Enddarm nach außen befördert werden.

G. Kreislauforgane. Fig. 29 u. 49.

Die Organe des Blutkreislaufes der Insekten sind sehr einfach gestaltet. Sie bestehen eigentlich in einem einzigen großen, gerade verlaufenden Blutgefäß, das, im vorletzten oder drittletzten Segment beginnend, den Körper von hinten nach vorn durchzieht. Es liegt in der Rückenkammer der Leibeshöhle und wird daher Rücken- oder Dorsalgefäß genannt. Seinen vorderen, schmäleren, in Kopf und Brust gelegenen Teil pflegt man als Aorta (a in Fig. 29 und 49) zu bezeichnen, den hinteren, viel weiteren, im Hinterleib gelegenen als Herz (h in Fig. 29 und 49).

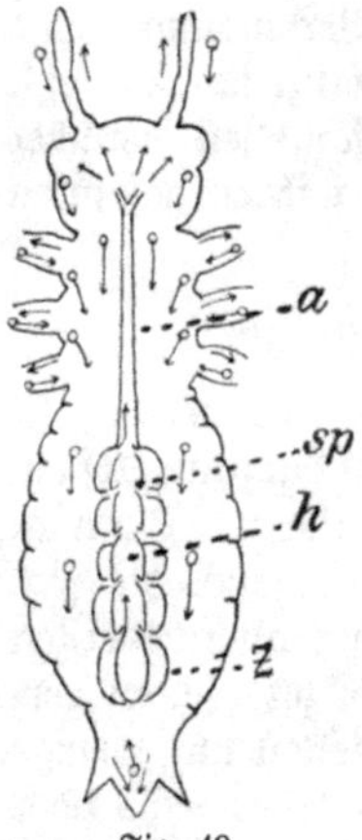

Fig. 49.
Schema des Blutkreislaufs eines Insekts. *h* Herz; *a* Aorta; *sp* Spaltöffnung; *z* Zwerchfell. Die Pfeile —> zeigen die Strömung des vom Herzen kommenden, die Pfeile ←○ jene des zum Herzen zurückkehrenden Blutes an.

Das Herz ist ein einfacher Schlauch. Seine Wandungen bestehen aus ringförmig angeordneten glatten Muskelfasern, die außen und innen von einer elastischen Haut überzogen sind. Hinten ist es blind geschlossen, vorn setzt es sich in die Aorta fort. Es ist mit einer Anzahl paarweise angeordneter seitlicher Spaltöffnungen ausgestattet (sp in Fig. 49). Ihre Zahl beträgt im höchsten Falle 9 Paare. Bei den meisten höheren Insekten ist ihre Zahl geringer. Die Ränder der Spaltöffnungen ragen klappenartig nach innen und vorn vor. Kontrahieren sich die Herzmuskeln, so werden die Spaltöffnungen geschlossen. Da das Herz hinten blind endet, da die Kontraktion außerdem hinten beginnt und nach vorn fortschreitet, so wird das Blut nach vorn in die Aorta getrieben. Diese, ein einfaches enges Rohr, gabelt sich im Kopf, und ihre Zweige enden offen. Das Blut tritt also direkt in die Kopfhöhle über und strömt von hier in die übrigen Teile der Leibeshöhle sowie in alle hohlen Organe, die mit ihr in offener Verbindung stehen, wie Beine, Flügel,. Fühler usw. (Fig. 49).

In Wechselwirkung mit der eigentlichen Herztätigkeit steht jene des dorsalen Zwerchfells (Fig. 29 und 49). Dieses ist fensterartig durchbrochen; und zwar entspricht jedem Paare von Spaltöffnungen in der Regel auch je ein Paar Spalten im Zwerchfell. Dieses selbst enthält starke, quer zur Längsrichtung des Körpers verlaufende Muskeln, die sog. Fächer- oder Flügelmuskeln. Sind diese im Ruhezustande, so ist das Zwerchfell stark nach der Dorsalseite gekrümmt, die Rückenkammer mithin stark eingeengt. Kontrahieren sich die Fächermuskeln, so wird das Zwerchfell straff gespannt und die Rückenkammer bedeutend erweitert (vgl. Fig. 28). Hierdurch wird natürlich auf die daruntergelegenen Teile der Leibeshöhle ein Druck ausgeübt und ein Teil des dort befindlichen Blutes in die Rückenkammer gepreßt.

Nun wechselt aber die Tätigkeit der Fächermuskeln, wie gesagt, mit der der Herzmuskulatur ab. Kontrahieren sich die Fächermuskeln, so sind die Fasern des Herzschlauches im Erschlaffungszustande und die Spaltöffnungen stehen offen. Es wird also von dem in die Rückenkammer gepreßten Blut auch immer ein Teil in die Spaltöffnungen getrieben und das Herz mit Blut gefüllt. Wenn dann die Fächermuskeln erschlaffen, so kontrahiert sich die Herzmuskulatur, die Spaltöffnungen schließen sich, und das Blut wird nach vorn in die Aorta und aus dieser in die Leibeshöhle getrieben. So vollzieht sich in rhythmischer Aufeinanderfolge der Blutkreislauf in dem einfachen, offenen Blutgefäßsystem der Insekten.

Die Schnelligkeit der Kontraktionen oder Pulsationen des Herzens ist bei den Insekten sehr verschieden. Ihre Zahl beträgt bei manchen bloß ungefähr 40 in der Minute, während sie bei anderen bis auf mehr als 100 steigen kann. Die Energie der Herztätigkeit steht in offenbarem Zusammenhang mit der Beweglichkeit des Tieres. Sie ist deshalb auch bei Larven stets viel geringer als bei den erwachsenen Tieren und noch geringer natürlich bei Puppen. So hat man z. B. beim erwachsenen Kiefernspinner (Dendrolimus pini) 50—60 Herzschläge in der Minute gemessen, bei der Raupe 30, bei der Puppe bloß 18. Auch bei Insekten, die sich im Winterschlaf befinden, ist die Herztätigkeit gleich allen anderen Lebenserscheinungen stark herabgesetzt.

Das Blut der Insekten ist entweder farblos oder aber gelb, rötlich, bräunlich, grün (besonders bei Pflanzenfressern, bedingt durch das Blattgrün der Nahrung) gefärbt. Es enthält nur eine Art von Blutzellen, die den weißen Blutkörperchen der Wirbeltiere entsprechen. Die Insekten sind kaltblütige, oder richtiger wechselwarme Tiere. Ihre Bluttemperatur richtet sich nach der Temperatur der Umgebung und übertrifft diese nur um wenige Grade. Doch kann sie durch energische Muskelbewegung und die damit im Zusammenhang stehende Beschleunigung der Stoffwechselvorgänge immerhin beträchtlich über die Außentemperatur erhöht werden. So stieg ein Thermometer, das einem Windenschwärmer (Sphinx convolvuli) in die aufgeschlitzte Brust gestoßen wurde, durch die heftigen Flügelschläge des gequälten Tierchens in kurzer Frist von 17° auf 27° C. Nach lange anhaltendem Fluge eingefangene Schwärmer wiesen sogar eine Blutwärme auf, die an jene der Säugetiere und Vögel heranreicht.

H. Atmungsorgane. Fig. 50 u. 51.

Die Insekten atmen vermittelst eines Systems von vielverzweigten Röhren, welches den ganzen Körper durchzieht und in der Regel durch mehrere auf der Körperoberfläche gelegene Öffnungen der äußeren Luft zugänglich ist. Die Röhren werden Luftröhren oder Tracheen genannt, die

Öffnungen Stigmen. Ihrer Entstehung nach sind die Tracheen Einstülpungen der äußeren Haut, die Stigmen die Einstülpungsöffnungen. Die Wandungen der Tracheen (Fig. 51) setzen sich daher aus den bekannten beiden Schichten der Haut zusammen, Epidermis oder Zellenhaut und Cuticula oder Chitinhaut. Erstere besteht auf den Tracheen aus großen und platten Zellen und begleitet die Luftröhren auf allen ihren Verzweigungen. Da die Tracheen, wie wir sahen, als röhrenförmige Einstülpungen der Haut entstanden sind, so scheidet ihre Epidermis die Cuticula natürlich an der Innenfläche der Röhrenwand aus, so daß sie direkt den Hohlraum umgibt. Die Cuticula der Tracheen trägt

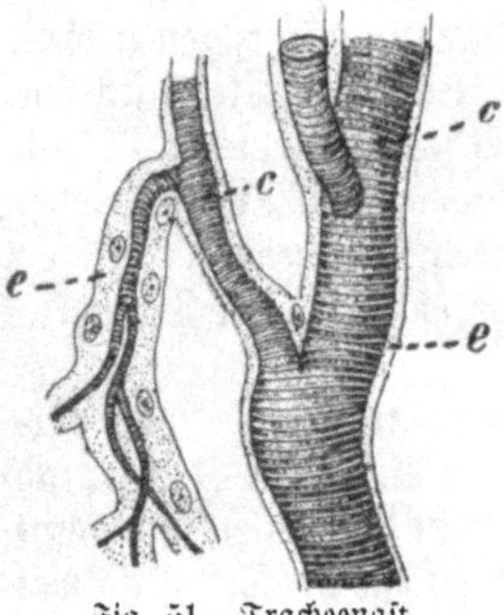

Fig. 51. Tracheenast.
e Epidermis; *c* Cuticula.

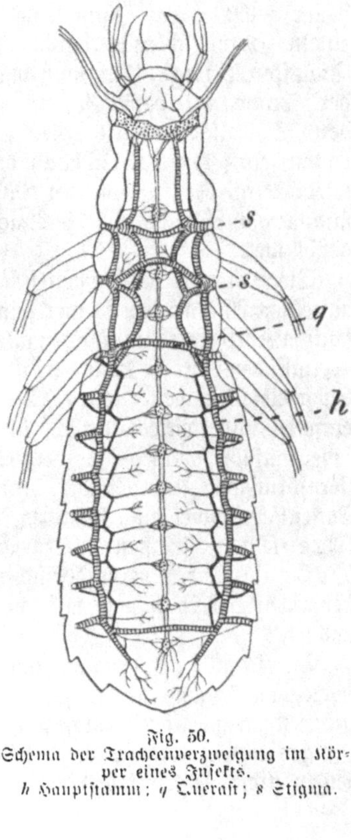

Fig. 50.
Schema der Tracheenverzweigung im Körper eines Insekts.
h Hauptstamm; *q* Querast; *s* Stigma.

an ihrer Innenwand Verdickungen, die eine zusammenhängende, sehr enge Spirale bilden. Man hat diese Verdickungen als Spiralfaden bezeichnet. Der Name ist aber eigentlich irreführend, denn es handelt sich nicht um einen selbständigen, frei aus der Röhre hervorziehbaren Faden, sondern um einen fest mit der Cuticula verwachsenen Teil dieser selbst. Man kann eine Trachee vergleichen etwa einem Gummischlauch, der in seinem Innern eine enge Drahtspirale trägt. Nur muß man sich dabei vorstellen, daß der Draht mit dem Gummi fest verbunden ist. Durch den Spiralfaden wird die Trachee immer offen gehalten, ganz wie der Schlauch durch die Drahtspirale, auch wenn durch Kontraktion der Muskeln die Leibeshöhle zusammengepreßt und auf die Tracheen ein starker Druck ausgeübt wird.

Die Tracheen verzweigen sich, wie gesagt, vielfach. Die einzelnen Äste werden immer feiner, verteilen sich durch den ganzen Körper und umspinnen alle Organe und Gewebe. Der Spiralfaden hört in noch verhältnismäßig starken Ästen auf, bevor diese sich weiter teilen. Die feinsten Zweige haben eine einfache, unverdickte Cuticula. An der Stelle, wo der Spiralfaden aufhört, wird die Epidermis von einer einzigen großen sternförmigen Zelle gebildet. Innerhalb dieser teilt sich die Cuticula in soviel feine Röhrchen, als die Zelle Ausläufer hat. Diese letzten, feinsten Verzweigungen der Trachee, oder Tracheenkapillaren, verbinden sich mit entsprechenden Zweigen benachbarter Äste und bilden so zusammenhängende Tracheenendnetze.

Die Kapillaren dringen zwischen die Zellen der verschiedenen Organe ein, umspinnen die einzelnen Zellen und geben sogar ganz feine Ästchen ab, die in die Zellen selbst eindringen und innerhalb dieser blind endigen. Die Stigmen zeigen streng segmentale Anordnung.

Sie liegen in der Regel am Hinterende des Segments in der Gelenkhaut zwischen Rücken- und Seitenschild. Bei den meisten Insekten finden sich 10 Paare von Stigmen. Davon gehören zwei der Brust an, acht dem Hinterleibe. Der Kopf und die beiden letzten Hinterleibssegmente tragen nie Stigmen.

Die Form und Ausbildung der Stigmen kann sehr mannigfaltig sein. Im einfachsten Falle sind sie runde oder elliptische Öffnungen, die von einem verdickten Chitinring der Cuticula umgeben werden. Zuweilen sitzt an diesem ein Kranz nach innen gerichteter steifer Borsten, die dazu dienen, Fremdkörpern den Eintritt in die Tracheen zu verwehren. Komplizierter sind die mit sog. Lippen versehenen Stigmen. Die Lippen sind zwei feine Membranen an den Rändern des Stigma, die zwischen sich nur einen feinen Spalt freilassen. Mit dem Besitz von Stigmenlippen stehen auch die Töne im Zusammenhang, die manche Insekten beim Fliegen vernehmen lassen. Indem die aus den Tracheen ausgestoßene Luft kräftig zwischen den Lippen hindurchstreicht, wirken diese wie Stimmbänder.

Nach innen von dem Stigma findet sich bei allen Insekten noch ein besonderer Verschlußapparat der Trachee. Er kann sehr verschieden gebaut sein. Im Prinzip handelt es sich immer um eine mehrteilige Chitinspange, welche so um die Trachee gelegt ist, daß sie durch Wirkung besonderer Muskeln zusammengeprßt werden kann und die Luftröhre dann verschließt wie ein Quetschhahn einen Schlauch. Die Anordnung des Tracheensystems im Körper der Insekten findet sich in zwei verschiedenen Formen. Entweder verzweigt sich jeder von einem Stigma kommende Ast ganz selbständig, und erst die feinsten Endverzweigungen der verschiedenen Äste treten miteinander in Verbindung. Bei den allermeisten Insekten sind dagegen die von den Stigmen kommenden Tracheen auf jeder Seite durch einen Hauptstamm verbunden (Fig. 50).

Diese reichen vom letzten Segment des Hinterleibes bis in den Kopf und geben zahlreiche Seitenäste ab. Außerdem sind die Hauptstämme durch zahlreiche Queräste miteinander verbunden.

Bei vielen Insekten, immer aber nur bei guten, ausdauernden Fliegern, finden sich an den Tracheen besondere sackförmige Erweiterungen oder Anhänge, die sog. Luftsäcke. Ihre Anordnung kann sehr verschieden sein. Bei Schmetterlingen und Wanderheuschrecken sitzen sie als sackförmige Erweiterungen an den Anfangsästen der Tracheen, gleich hinter den Stigmen. Beim Maikäfer und Verwandten sind die Luftsäcke in sehr großer Zahl an den Verzweigungen und Querverbindungen der größeren Tracheenäste angebracht. Bei den Bienen und anderen Hautflüglern sind die beiden Hauptlängsstämme selbst sackförmig erweitert. In den Luftsäcken fehlt der Spiralfaden. Sie dienen in erster Linie als Reservoir für größere Luftmengen, wie sie die Insekten bei anhaltendem Fluge brauchen.

Die Tracheen sind wesentlich zum Atmen in der Luft eingerichtet. Insekten, die nicht direkt an der freien Luft leben, zeigen deshalb allerlei Anpassungen in ihrem Atmungsapparat. Die im Körper anderer Insekten schmarotzenden Larven z. B. besitzen in der Regel nur ein Paar Stigmen am Hinterende des Körpers. Diese halten sie nun an ein Stigma oder einen großen Tracheenast des Wirtstieres und profitieren so von dessen Atemluft. Auch die im Wasser lebenden Insekten helfen sich auf mancherlei Weise. Soweit sie keine besonders umgebildeten Atemorgane haben, die wir gleich kennen lernen werden, steigen sie in regelmäßigen Intervallen, die bei den einzelnen Arten von wenigen Minuten bis zu einer halben Stunde lang sein können, an die Oberfläche des Wassers, um zu atmen. Oft nehmen sie sich beim Untertauchen eine größere Luftblase als Reservevorrat mit — manche Wasserkäfer z. B.

unter den am Rande umgebogenen Flügeldecken, andere Wasserkäfer und Wasserwanzen an dem dichten Haarkleid ihrer Unterseite.

Andere Wasserinsekten, namentlich Larven, haben wie die Schmarotzer nur ein oder zwei Stigmenpaare an einem oder beiden Körperenden. Diese Larven leben dauernd dicht unter der Oberfläche des Wassers und halten ihre Stigmen über Wasser. Diese sind oft mit einem Kranz starker nach außen gerichteter Borsten umstellt, der auf dem Wasserspiegel liegt und das Tier in senkrechter Lage schwebend hält (z. B. die Larven und Puppen sehr zahlreicher Stechmücken).

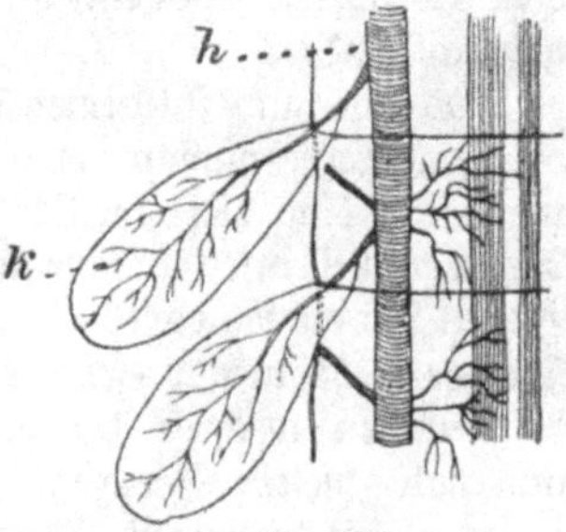

Fig. 52.
Stück eines Hinterleibssegmentes einer Eintagsfliegenlarve.
h Haupttracheenstamm; *k* Tracheenkieme.

Andere Insektenlarven sind aber auch imstande, ihre Atemluft direkt dem Wasser zu entnehmen. Solche Larven besitzen überhaupt keine Stigmen. Ihr Tracheensystem ist vielmehr nach außen vollkommen abgeschlossen. Die Atmung geschieht entweder, wie bei manchen Mückenlarven, einfach allenthalben durch die sehr zarte Körperhaut, oder es sind besondere Organe zur Aufnahme der Luft aus dem Wasser entwickelt. Von solchen sind am weitesten verbreitet die sog. Tracheenkiemen, zarthäutige, hohle Anhänge des Körpers, ihrer Entstehung nach Ausstülpungen der Körperhaut (Fig. 52). In sie reicht ein Tracheenast hinein, der sich in ihnen reich verzweigen kann. Durch die zarten Wandungen der Tracheenkiemen hindurch kann die Luft in die Tracheen eindringen. Die Hautatmung ist also hier auf bestimmte Körperanhänge beschränkt. Im einfachsten Falle, bei den Larven der Frühlingsfliegen (Perlidae, s. S. 109), mancher Netzflügler (Sialidae, s. S. 111) und Köcherfliegen (Trichoptera, s. S. 112) u. a., sind die Tracheenkiemen schlanke Fäden, die in verschiedener Weise über den Körper verteilt sind. Häufiger (Larven mancher Eintagsfliegen und Köcherfliegen) sind sie an den Körperseiten zu Büscheln vereinigt, von denen immer ein Paar auf ein Segment kommt. Eine große Zahl von Eintagsfliegenlarven hat schließlich breite, blattförmige Tracheenkiemen, die einzeln oder zu zweien jederseits an den Hinterleibssegmenten angebracht sind.

Das Ein- und Ausatmen der Luft wird bei Insekten mit offenem Tracheensystem bewirkt durch die Tätigkeit der Rumpfmuskeln. Sind diese im Erschlaffungszustande, so stehen die Tracheen weit offen und die äußere Luft kann hineinpassieren. Ziehen sich die Muskeln zusammen, so wird die Luft aus den Tracheen hinausgepreßt. Die Schnelligkeit der Atembewegungen wechselt bei den verschiedenen Insektenarten innerhalb weiter Grenzen. Beim Hirschkäfer (Lucanus cervus) hat man z. B. 20—25 Kontraktionen der Atmungsmuskulatur in der Minute beobachtet, beim großen grünen Heupferd (Locusta viridissima) 50—55. Auch das Sauerstoffbedürfnis ist bei den Insekten ein sehr verschiedenes. Während manche, z. B. die Raupe des Seidenspinners (Bombyx mori), verhältnismäßig ebensoviel Sauerstoff verbrauchen wie ein Säugetier, so scheinen andere, z. B. die in der Erde, im Holz, in Dünger lebenden Insekten, mit einem sehr geringen Vorrat von Sauerstoff auskommen zu können. Solche Insekten lassen sich monatelang in einem luftdicht verschlossenen Glase am Leben erhalten.

Der eigentliche Gaswechsel, die Abgabe des Sauerstoffes an die Organe und Gewebe des Körpers und die Aufnahme der unbrauchbaren Kohlensäure aus diesen vollzieht sich in den feinsten Verzweigungen der Tracheen. Darin besteht der große, grundsätzliche Unterschied der Atmung durch Tracheen von jener durch echte Kiemen oder Lungen. Die Atmungsorgane der Insekten befördern selbst den Sauerstoff an alle seine Verbrauchsstellen und nehmen an diesen auch selbst die Kohlensäure auf, um sie hinauszubefördern. Das Blut spielt nicht wie bei anderen Tieren die Rolle des Sauerstoffüberträgers, sondern ist lediglich Ernährungsflüssigkeit, die vom Darm aus gespeist wird.

I. Leuchtorgane.

In Beziehungen zum Tracheensystem und der Atmung steht auch das Leuchtvermögen einiger Insekten. Mit Sicherheit nachgewiesen sind Leuchtorgane nur bei Käfern aus den beiden Familien der Weich- und der Schnellkäfer (Cantharidae, s. S. 127, und Elateridae, s. S. 127). Bei ersteren, zu welchen unsere einheimischen Leuchtkäfer (Lampyris) gehören, liegen die Leuchtorgane auf der Unterseite der beiden letzten Hinterleibsringe. Das Leuchtorgan oder die Leuchtplatte selbst ist nur ein besonders ausgebildeter Teil des Fettkörpers (s. o. S. 40). Sie besteht aus zwei Schichten, einer inneren kreideweißen, in der sich kleine Kristalle von harnsauren und ähnlichen Salzen befinden, und einer äußeren durchsichtigen. Durchsichtig ist natürlich auch die Cuticula über der Leuchtplatte. Auf der inneren Platte verlaufen Tracheenäste. Von diesen aus durchsetzen zahlreiche fein verästelte Zweige beide Schichten des Organs. Wahrscheinlich enthält der Fettkörper der Leuchtplatte Stoffe, die durch den Sauerstoff der Tracheen verbrannt und zum Leuchten gebracht werden. Doch ist sicheres über den Vorgang noch nicht bekannt. Das Leuchten muß außerdem unter dem Einflusse des Zentralnervensystems stehen. Denn die Tiere scheinen es willkürlich zum Erlöschen bringen zu können.

Die Bedeutung des Leuchtens für die Tiere ist wohl darin zu suchen, daß es zur Anlockung der Geschlechter dient. Bei unseren einheimischen Arten von Leuchtkäfern sind die Weibchen ungeflügelt, larvenähnlich und daher unter dem Namen Glühwürmchen oder Johanniswürmchen bekannt. Bei der einen Art, Lampyris noctiluca, leuchtet nur das Weibchen, bei der anderen, Lampyris splendidula, auch das Männchen. Zu dieser gehören also die fliegenden Leuchtkäfer unserer Sommernächte. Auch die Larven unserer Leuchtkäfer leuchten bereits.

Auch vielen anderen Insekten, z. B. manchen Mückenarten, ist nachgesagt worden, daß sie leuchten. Solche Angaben haben sich aber immer als irrig erwiesen. Bei den genannten Mücken z. B. wird das Leuchten sicher durch Bakterien hervorgerufen, die in oder am Körper der Mücke leben. Das geht schon daraus hervor, daß sie nach dem Tode fortfahren zu leuchten. Das kann aber bei echten Leuchtinsekten nie der Fall sein. Denn bei ihnen ist das Leuchten eine Lebenserscheinung.

K. Absonderungsorgane oder Drüsen.

Außer am Darm besitzen die Insekten auch an vielen anderen Körperstellen Drüsen, die bestimmte, für das Leben des Tieres wichtige Stoffe (Sekrete) absondern. Weit verbreitet sind einzellige Drüsen oder Drüsenzellen. Sie können an den verschiedensten Stellen in der Körperhaut vorkommen und unterscheiden sich von den übrigen Zellen der Epidermis hauptsächlich durch ihre Größe. Der abgesonderte Stoff, das Sekret, wird durch eine Pore in der Cuticula nach außen befördert.

Die mehrzelligen Drüsen sind recht verschiedenartig nach Bau und Verrichtung. Sie können einfache Anhäufungen von Drüsenzellen an bestimmten Stellen der Haut (Drüsenfelder) oder wirkliche, oft sehr lange Drüsenschläuche sein.

Giftdrüsen. Solche finden sich bei den stechenden Hautflüglern (Wespen, Bienen, Hummeln, Ameisen) und stehen mit dem Stachel in Verbindung. Bei der Honigbiene finden sich zwei Drüsen: eine sehr große, die sich am inneren Ende gabelt und vor ihrer Mündung sich zu einem großen Giftbehälter erweitert. Sie sondert Ameisensäure ab. Außerdem mündet in den Stachel noch eine viel kleinere, einfach blindsackförmige Drüse, deren Sekret alkalisch reagiert. Erst durch Mischung beider Sekrete soll das Gift wirksam werden.

Stink- oder Wehrdrüsen. Sie sind weit verbreitet und können an sehr verschiedenen Körperstellen auftreten. Immer liefern sie ein übelriechendes Sekret, das dem Tier zum Abschrecken von Feinden dient. Sehr bekannt sind z. B. durch ihren starken und widerwärtigen Geruch sehr viele Wanzenarten. Ihre Stinkdrüse liegt als einheitlicher Sack in der Hinterbrust. Sie öffnet sich auf der Bauchseite durch zwei Poren zwischen den Hinterbeinen.

Manche Käfer entleeren durch den Mund unangenehm riechende Flüssigkeiten, die wohl auch Drüsensekrete sind. Dagegen ist der gelbe Saft, welchen Marienkäferchen (Coccinellidae) und einige andere Käfer bei Berührung durch die Gelenkhäute austreten lassen, kein Sekret, sondern einfach das Blut der Tiere.

Spinndrüsen; nur bei den Larven mancher Insekten (z. B. Schmetterlinge, Blatt-, s. S. 120, und Schlupfwespen, s. S. 121, und Köcherfliegen, s. S. 112) vorhanden. Sie bestehen in zwei langen, oft die Körperlänge um ein mehrfaches übertreffenden und dann in Windungen gelegten Drüsenschläuchen, die sich in ihren vordersten Abschnitten vereinigen und durch einen gemeinsamen Ausführgang auf der Unterlippe ausmünden. Ihr Sekret, der Spinnstoff, dient dazu, eine schützende Hülle, einen sog. Kokon, für die Larve oder Puppe des Insekts zu liefern. Der Spinnstoff wird in den hinteren Teilen der Drüsenschläuche von deren Zellen in flüssigem Zustande abgeschieden, erhärtet dann und bildet einen langgezogenen Faden. Am bekanntesten ist dieser Spinnstoff von den Seidenspinnern (Bombyx mori u. a.), daher er unter dem Namen Seide schon lange technische Verwertung findet. Der Kokon eines Seidenspinners und aller anderen spinnenden Insekten besteht aus einem einzigen, in vielen Windungen die Puppenhülle umspinnenden Faden von oft enormer Länge (bei B. mori 800—1500 m). Bei den Schmetterlingen wird der Faden aus zwei Hälften gebildet. Jede von ihnen stammt aus einem Drüsenschlauch, und sie erhärten bereits, bevor sie sich vereinigen.

In der Seide der Schmetterlingsraupen lassen sich hauptsächlich drei Stoffe unterscheiden: der eigentliche Seidenfaserstoff, der mehr als die Hälfte der gesamten Substanz ausmacht und dem Chitin nahe verwandt ist, ein leimartiger Stoff und ein Schleim, die in ungefähr gleichen Mengen vorhanden sind. Der kleberige Leim verleiht dem Kokon seine Festigkeit, der Schleim erleichtert dem Faden das Herausgleiten aus dem Ausführgang der Drüsen. Nur der Faserstoff liefert die technisch verwertete Seide. Die beiden anderen Bestandteile des Fadens werden durch Einlegen des Kokons in Kalilauge gelöst und entfernt. Die Kokons der Schmetterlinge, Blatt- und Schlupfwespen bestehen wesentlich nur aus Seide. Die Larven der Köcherfliegen dagegen spinnen in das Gewebe ihrer Kokons oder Köcher Sandkörnchen, Steinchen, Pflanzenteile oder kleine Schneckenhäuser ein.

Außer zur Verfertigung von Larven- und Puppengehäusen verwenden manche Schmetterlingsraupen, namentlich die vieler Spanner, die Seide noch zum Schweben. Bei Beunruhigung lassen sie sich von Zweigen oder Blättern, auf denen sie leben, herabfallen, befestigen sich aber vorher mit dem schnell erhärtenden Sekret der Spinndrüsen an ihrer Unterlage. Während des Falles zieht sich die Seide zu einem langen Faden aus, an dem die Raupe hängen bleibt. Will die Raupe wieder zu ihrer früheren Unterlage hinaufgelangen, so wickelt sie mit Hilfe der Kiefer und Vorderbeine die Gespinstfaden auf und klettert so in die Höhe.

Wachsdrüsen. Ein weiteres wichtiges Drüsensekret ist das Wachs, eine sehr komplizierte fettähnliche Substanz, die sowohl von Hautflüglern (Bienen und Hummeln, s. S. 125) als Halbflüglern (Blattläuse, Schildläuse, Zikaden, s. S. 130) gebildet wird.

Bei der Honigbiene liegen die Wachsdrüsen an den Bauchschildern der vier letzten Segmente des Hinterleibes. Diese tragen jederseits einen sog. Spiegel, eine scharf umschriebene, völlig glatte Stelle. Unter jedem Spiegel liegt ein Drüsenfeld (im ganzen also 8). Die Drüsen scheiden das Wachs in flüssigem Zustande ab, und dieses gelangt durch ganz feine Porenkanälchen in der Cuticula nach außen. Es erstarrt an der Luft zu feinen Blättchen, die natürlich genau die Gestalt der Spiegel annehmen. Diese zarten Wachsblättchen werden dann von den Bienen zum Bau ihrer Waben benutzt, die wiederum das Wachs für die menschliche Industrie liefern.

Die Blatt- und Schildläuse (Aphidae, Psyllidae und Coccidae) tragen ihre Wachsdrüsen auf der Dorsalseite des Hinterleibes. Sie liegen hier unter besonderen wulstförmigen, reihenweise angeordneten kleinen Erhebungen. Die Drüsen selbst sind wieder nur Drüsenfelder. Das Wachs wird durch Porenkanäle der Cuticula in Form von lauter ganz feinen hohlen Fädchen abgeschieden, die anfangs einen ganz zarten Flaum bilden, später aber zu einem einheitlichen Überzug verschmelzen können. Das Wachs dient den Tieren und ihren Eiern als schützende Hülle. Auch das Wachs mancher Schildläuse (s. S. 132) ist von den Chinesen schon lange (seit dem 13. Jahrhundert) technisch ausgebeutet und als weißes oder chinesisches Wachs in den Handel gebracht worden.

L. Geschlechtsorgane.

Die Insekten sind allgemein getrennten Geschlechts. Regelmäßig zwitterig sind nur die Termitoxenien, kleine, flügellose Fliegen, die in Termitenbauten leben. Gelegentliche Zwitter sind dagegen in sehr verschiedenen Insektenordnungen beobachtet worden. Bei solchen sind die männlichen und weiblichen Eigenschaften am Körper des Tieres entweder regellos durcheinander gemischt (gemischte Zwitter), oder aber es ist die eine (rechte oder linke) Körperhälfte rein männlich, die andere rein weiblich ausgebildet (halbierte Zwitter). Der ganze Fortpflanzungsapparat ist bei allen Insekten im Hinterleib gelegen.

Die eigentlichen keimbereitenden Organe, in denen die Fortpflanzungszellen gebildet werden, bezeichnet man, wie bei allen Tieren, als Hoden (männlich) und Eierstöcke (weiblich). Sie sind bei den Insekten immer paarig ausgebildet. Zur Entleerung der Geschlechtsprodukte dienen ebenfalls paarige Ausführgänge, die Samen- und Eileiter. Diese vereinigen sich in der Regel aber zu einem unpaaren, gemeinsamen Ausführgang, dem Samengang und der Scheide. Die Geschlechtsöffnung liegt bei den Männchen zwischen dem 9. und 10., bei den Weibchen zwischen dem 8. und 9. Hinterleibssegment.

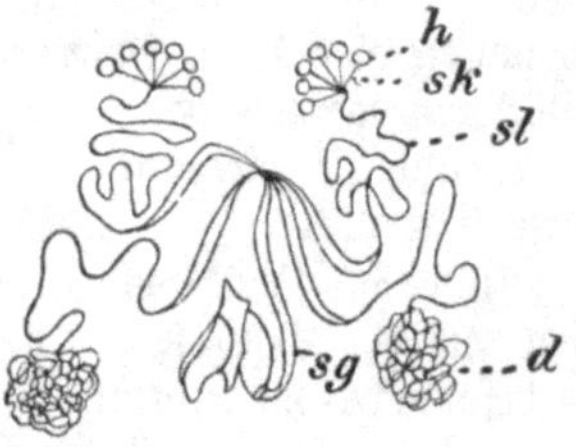

Fig. 53.
Männliche Geschlechtsorgane eines Käfers.
h Hodenbläschen; *sk* Samenkanälchen; *sl* Samenleiter; *sg* Samengang; *d* Anhangsdrüsen.

a) Männliche Organe. Fig. 53.

Jeder Hode besteht in der Regel aus einer Anzahl von sog. Hodenbläschen. Erst in diesen befinden sich die Samenbildungszellen und geht die Bildung des Samens vor sich. Die Zahl der Hodenbläschen kann sehr verschieden sein. Währand z. B. bei Rüssel- und Borkenkäfern jeder Hode nur aus zwei Bläschen besteht, kann ihre Zahl in anderen Fällen bis auf einige Hundert steigen. Auch ihre Form kann wechseln: bald sind sie kleine, rundliche Bläschen, bald lange Schläuche. Von jedem geht ein kleiner Ausführgang aus, das Samenkanälchen. Alle diese vereinigen sich auf jeder Körperseite zu einem Samenleiter. Nahe ihrem unteren Ende können diese sich zu einer sog. Samenblase erweitern, die der Aufspeicherung des reifen Samens dient.

Der unpaare Samengang nimmt den Samen aus den Samenleitern oder Samenblasen auf. Er ist innen mit einer starken Chitinhaut ausgekleidet, einer Fortsetzung der äußeren Cuticula. Außerdem besitzt er eine kräftige Muskulatur und kann nach außen umgestülpt werden zur Entleerung des Samens. In die männlichen Ausführgänge münden bei allen Insekten besondere Anhangsdrüsen ein. Sie sondern eine schleimige Flüssigkeit ab, die dem eigentlichen Samen beigemischt wird. In manchen Fällen (Grillen, Heuschrecken, manche Schmetterlinge) dienen die Anhangsdrüsen auch der Bildung besonderer Samenkapseln: das Sekret, das eine Portion Samen umhüllt, tritt noch weich aus der Geschlechtsöffnung aus, erhärtet dann aber schnell zu einer birnförmigen Kapsel, die den Samen gegen Austrocknung schützt.

b) **Weibliche Organe.** Fig. 54.

Wie der Hode aus Hodenbläschen, so setzt sich der Eierstock aus Eiröhren zusammen. Jede wird gebildet von einer äußeren, bindegewebigen Hülle, die auch Muskelfasern enthält, und einer inneren Zellenhaut, dem Follikel. Innerhalb der Eiröhre liegen die Eizellen hintereinander, die jüngsten und kleinsten, am vorderen zugespitzten Ende, die älteren im hinteren sich allmählich erweiternden Abschnitt. Zwischen den älteren Eiern pflegt die Röhre durch die Muskelfasern der bindegewebigen Zelle etwas eingeschnürt zu sein. so daß sie perlschnurförmig erscheint. Nur bei den niederen Insekten werden alle in der Röhre vorhandenen Eizellen auch zu wirklichen Eiern. Bei den meisten höheren Insekten entwickelt sich ein Teil nicht weiter, sondern wird zur Ernährung der anderen verbraucht. Danach unterscheidet man Eiröhren mit und ohne Nährzellen.

Die Anordnung der Nährzellen kann wieder eine zweifach verschiedene sein. Entweder liegen alle im vorderen Abschnitt der Eiröhre, der dann eine große, oft kolbig angeschwollene Nährkammer bildet, mit der die einzelnen Eier durch sog. Nähr- oder Dotterstränge verbunden sind (Eiröhren mit endständiger Nährkammer). Oder aber zwischen den Eizellen liegen abwechselnd Nährkammern mit einer je nach der Art sehr verschiedenen Zahl (bis etwa 50) von Nährzellen (Eiröhren mit wechselständigen Nährkammern).

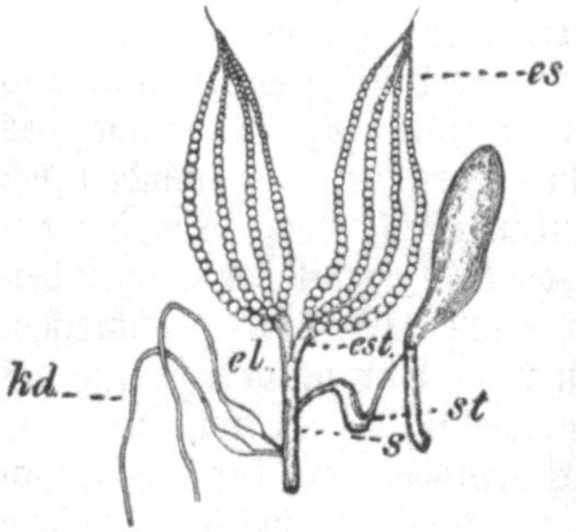

Fig. 54.
Weibliche Geschlechtsorgane eines Schmetterlings.
es Eierstock, aus 4 Eiröhren zusammengesetzt; *est* Eiröhrenstiel; *el* Eileiter; *s* Scheide; *st* Samentasche; *kd* Kittdrüse.

Am hinteren Ende setzt sich jede Eiröhre in einen kurzen Ausführungsgang fort, den sog. Eiröhrenstiel. Diese vereinigen sich zu dem Eierkelch, dem weiteren vorderen Abschnitt des Eileiters. An ihrem vorderen Ende verlängert sich in der Regel jede Eiröhre in einen dünnen fadenförmigen Abschnitt, den Endfaden, durch den sie an der Rückenwand in der Nähe des Herzens befestigt wird. Die Zahl der Eiröhren in einem Eierstock kann von bloß 2 (Lausfliegen, Rüssel- und Borkenkäfer) bis gegen 1000 (Termiten) betragen. Die Form der Eierstöcke wird hauptsächlich bedingt durch die Form des Eierkelchs und die Anordnung der Eiröhren an diesen.

Die wichtigsten Typen, auf die sich alle andern zurückführen lassen, sind 1. die büschelförmigen mit kurzem, trichterförmigem Eierkelch, der alle Eiröhren zu einem Büschel vereinigt trägt, 2. die traubenförmigen mit langgestrecktem, schlauchförmigem Eierkelch, der in seiner ganzen Länge mit Eiröhren besetzt ist, wie eine Traube mit Blüten oder Früchten.

An büschelförmigen Eierstöcken finden wir gewöhnlich wenige, aber oft sehr lange Eiröhren (z. B. Schmetterlinge), an traubenförmige dagegen sehr zahlreiche, aber nur kurze. In beiden Fällen kann so eine große Zahl von Eiern zur Reife gebracht werden. Die Bienen (mit büschelförmigen Eierstöcken) und Termiten (mit traubenförmigen Eierstöcken), also diejenigen Insekten, die zur Erhaltung ihrer volkreichen Kolonien bei weitem am meisten Eier produzieren müssen, haben sehr zahlreiche (bei Bienen bis 180, bei Termiten gegen 1000) und zugleich sehr lange Eiröhren. Überhaupt stehen Form der Eierstöcke und Lebensweise der Insekten in sehr engem Zusammenhang.

Der Eierkelch setzt sich nach hinten in den Eileiter fort, einen einfachen Schlauch. Beide Eileiter vereinigen sich zur Scheide. Diese ist immer von einer Chitinhaut ausgekleidet, wie der Samengang der männlichen Insekten. Bei einigen Fliegen (Pupipara, s. S. 119) entwickeln sich die Larven bis zur Verpuppung in der Scheide der Mutter. Diese ist dann erweitert und wird als Fruchthälter bezeichnet. In vielen Fällen hat die Scheide einen besonderen taschenförmigen Anhang, die Begattungstasche, zur Aufnahme des männlichen Gliedes bei der Begattung. Bei den Schmetterlingen hat die Begattungstasche eine besondere äußere Öffnung, während sie in allen übrigen Fällen durch die gewöhnliche Geschlechtsöffnung, die Ausmündung der Scheide, zugänglich ist.

Der bei der Begattung aufgenommene Same gelangt bei den Insekten in einen besonderen Behälter, die Samentasche, deren Ausführgang in die Scheide mündet. Da die Insektenweibchen nur einmal oder aber einigemal kurz nacheinander begattet werden, so muß sich der einmal aufgenommene Same in der Samentasche geraume Zeit, mitunter jahrelang (z. B. Honigbiene) lebensfähig erhalten und zur Befruchtung einer großen Anzahl von Eiern ausreichen. Die eigentliche Befruchtung, die von der Begattung streng unterschieden werden muß, geschieht, wenn die reifen Eier, im Eileiter hinabgleitend, die Mündung des Ausführganges der Samentasche passieren.

Auch der weibliche Apparat hat seine Anhangsdrüsen, die Kitt- oder Schmierdrüsen. Sie münden in die Scheide und sondern einen schleimigen Stoff ab, der an der Luft erhärtet und dazu dient, die Eier anzukleben oder sie mit besonderen Schutzhüllen (Eierkokons) zu umgeben. Auch die gallertigen Klumpen (sog. Laich), welche die ins Wasser abgelegten Eier mancher Insekten (z. B. Köcherfliegen, Libellen usw.) umhüllen, werden von der Kittdrüse geliefert.

c) Sekundäre Geschlechtscharaktere.

Außer im Bau der Fortpflanzungsorgane unterscheiden sich die Geschlechter vieler Insektenarten in sehr zahlreichen Merkmalen, die mit der Fortpflanzung selbst wenig zu tun haben. Man bezeichnet sie deshalb als sekundäre Geschlechtscharaktere.

Schon die Größenunterschiede beider Geschlechter können beträchtlich sein. Und zwar ist in der Regel das Weibchen größer und plumper gebaut als das Männchen, z. B. bei Schmetterlingen. Bei manchen Schild- und Rindenläusen (s. S. 131 u. 132) können die Weibchen die Männchen sogar fünf- bis sechsmal an Größe übertreffen. In anderen Fällen dagegen, z. B. beim Hirschkäfer und anderen Käfern, der Honigbiene, manchen Libellen usw., sind umgekehrt die männlichen Tiere größer als die weiblichen. Meist sind die Männchen zugleich die viel beweglicheren. Ihnen fällt das Aufsuchen des anderen Geschlechts zum Zweck der Begattung zu, während die schwerfälligen Weibchen stille halten und sich finden lassen. Daher sind die Sinnesorgane, Augen und Fühler, bei den Männchen oft größer und höher entwickelt als bei den Weibchen. Namentlich die komplizierten Fühlerformen, geblätterte und gefiederte, sind im männlichen Geschlecht viel reicher ausgebildet und bieten Raum für eine viel größere Zahl von Hautsinnesorganen (s. auch oben S. 51).

In vielen Käfergattungen sind die männlichen Tiere am Kopf und am Rückenschild des 1. Brustsegments mit oft sehr großen und bizarr gestalteten Chitinfortsätzen ausgestattet, den sog. Hörnern (z. B. Nashornkäfer und viele tropische in Dung oder auf Bäumen lebende Käfer), oder aber die Mandibeln sind zu mächtiger Größe entwickelt (z. B. Hirschkäfer). Bei den Weibchen sind alle diese Bildungen viel unscheinbarer oder fehlen ganz. Schließlich pflegt das männliche Geschlecht fast durchgehend das farbenprächtigere zu sein, sich besonders auch durch den Besitz von Schillerfarben vor dem weiblichen auszuzeichnen.

III. Fortpflanzung.

Beiderlei Geschlechtsprodukte, Samenfäden und Eier, stimmen darin überein, daß sie, wie bei allen Tieren, einfache Zellen sind mit allen wesentlichen Teilen (Kern, Protoplasma usw.) einer solchen. Ihre Form und Größe ist aber sehr verschieden.

Die Samenfäden, immer mikroskopisch klein, haben die im Tierreich weit verbreitete, fadenförmige Gestalt. Wir können an ihnen ein vorderes, etwas verdicktes Ende, den Kopf, und den daran sitzenden sehr langen und dünnen Schwanzfaden unterscheiden. Der Kopf enthält stets den Kern der Samenzelle, während der Schwanzfaden nur aus Protoplasma besteht. Der Kopf ist immer sehr schlank und trägt vorn noch einen besonderen scharf zugespitzten Fortsatz, das Spitzenstück, das zum Einbohren in das Ei dient.

Die Eier der Insekten können von fast mikroskopischer Kleinheit sein oder aber ganz ansehnliche Größe bis zu einem Durchmesser von mehreren Millimetern erreichen. Sie sind meist von rundlicher, ovaler oder auch schlank zylindrischer Gestalt. Halbkugelig, d. h. an einer Seite abgeflacht, bis scheibenförmig sind die Eier mancher Schmetterlinge. Die Eier vieler anderer Insekten sind mit langen Stielen an einem Ende versehen usw.

Die Eizelle selbst besteht natürlich wie jede andere Zelle aus Protoplasma und Kern. In ersteres ist wie bei den Eiern vieler anderer Tiere eine besondere Substanz, der Dotter eingelagert, der zur Ernährung des im Ei entstehenden Embryos dient, wobei er durch das von den Nährzellen her entweder direkt (Eier mit wechselständigen Nährkammern) oder durch die Nährstränge (Eier mit endständiger Nährkammer) ins Ei eintretende Nährmaterial unterstützt wird.

Außen ist das Ei von 2 Hüllen umgeben, der ganz zarten, nur die erhärtete äußerste Schicht des Dotters darstellenden Dotterhaut und einer derberen äußeren Hülle, der Schalenhaut. Diese besteht meist selbst aus zwei deutlich unterscheidbaren Schichten und wird von der Zellenhaut der Eiröhre an ihrer Innenfläche nach Art einer Cuticula abgeschieden. Sie besteht aus einer Substanz, die oberflächliche Ähnlichkeit mit dem Chitin hat, sich von ihm aber durch Schwefelgehalt und einige andere chemische Eigenschaften unterscheidet. Die Schalenhaut kann von feinen Poren durchsetzt sein, die vielleicht der Sauerstoffaufnahme, der Atmung, des Eies dienen. Sie ist entweder einfach glatt oder in mannigfacher Weise verziert. Sehr häufig zeigt sie eine zierliche Zeichnung, sechseckige Felder, die von höheren Leisten begrenzt sind und den Abdruck der Zellen des Follikels darstellen. Auch kann sie mit allerlei Buckeln, größeren und kleineren haarförmigen Fortsätzen besetzt sein.

Wahrscheinlich immer ist die Schalenhaut außer von feinen Poren noch von einer, seltener mehreren größeren Kanälen durchbohrt. Diese dienen dem Durchtritt der be-

fruchtenden Samenfäden. Man nennt sie mit einem in der Zoologie allgemein gebräuchlichen Namen Mikropylen.

Sie sind im einfachsten Fall einfache Durchbohrungen beider Schichten der Schalenhaut. Oft finden sich aber auch besondere Mikropylenapparate, entweder einfach knopfförmig oder hoch schlotförmige, von einem oder mehreren Kanälen durchbohrte Aufsätze der Schalenhaut. Auch können die Mikropylen von besonderen Schutzapparaten überwölbt sein, so daß sehr komplizierte Einrichtungen entstehen. Unter jeder Mykropyle ist auch die Dotterhaut von einer feinen Öffnung durchbohrt.

Die weiblichen Insekten legen ihre Eier an sehr verschiedenen Orten ab: an Blätter, Zweige und Wurzeln, in Stengel von Pflanzen, in das Holz von Bäumen, in die Erde, den Dung, ins Wasser, an und in die Körper anderer Tiere. Im allgemeinen wird dabei der Grundsatz befolgt, daß die Eier an Orten abgelegt werden, wo die jung ausgeschlüpften Larven sofort zusagende Lebensbedingungen, besonders die nötige Nahrung finden. Damit ist die Vorsorge für die Brut bei sehr vielen Insekten aber auch erschöpft. Die Mehrzahl stirbt sofort oder doch sehr bald nach der Ablage der Eier. Höchstens wird vorher noch eine der schon erwähnten Schutzhüllen für die Eier geliefert. Unter den Hautflüglern finden wir allerdings eine große Zahl von Arten, bei denen sich die Brutpflege etwas weiter erstreckt. Die Grabwespen (s. S. 122) fügen zu jedem ihrer Eier, welche sie einzeln in selbstgegrabene Erdhöhlen ablegen, ein oder mehrere Nahrungstiere für die junge Larve hinzu. Sie fangen, je nach ihrer Art, Raupen, Käfer, kleine Heuschrecken, Fliegen, Bienen oder Spinnen, versetzen diesen mit ihrem Giftstachel Stiche in bestimmte Nervenknoten, durch welche ihre Opfer getötet oder aber nur gelähmt und wehrlos gemacht werden, tragen sie in das Nest und legen dann das Ei zu den Nahrungstieren. Die eingetragenen Insekten oder Spinnen widerstehen, besonders wenn sie bloß gelähmt sind, lange genug der Verwesung, daß die junge Wespenlarve frische Nahrung vorfindet.

Die einzellebenden Bienen versorgen in ähnlicher Weise ihre Larven mit pflanzlicher Nahrung. Sie füllen die Nester oder „Zellen", welche sie in der Erde, in Lehmwänden, in hohlen Bäumen usw. anlegen, mit Honig und legen dann auf diesen je ein Ei, so daß die ausgeschlüpfte Larve auf ihrem zuckerhaltigen Futtersaft schwimmt. Aber auch die ebengenannten Insekten sorgen nicht weiter für die heranwachsenden Larven, vielmehr stirbt die Mutter meist schon vor deren Ausschlüpfen.

Nur äußerst wenige einzellebende Insekten zeigen eine Fürsorge noch für die heranwachsenden Jungen. Die Weibchen der Ohrwürmer (Forficulidae, s. S. 107) z. B. bleiben bei den in einem Häufchen unter Steinen u. dgl. abgelegten Eiern, um sie zu schützen und für sie zu sorgen. Sie pflegen auch die ausgeschlüpften jungen Larven noch einige Zeit, halten die Brut zusammen und füttern sie vielleicht auch, solange diese noch jung und zart ist. Später stirbt die Mutter, und die Larven zerstreuen sich, nachdem sie vorher noch gelegentlich die Leiche ihrer Erzeugerin aufgezehrt haben.

Viel weitgehender ist bekanntlich die Brutpflege bei den staatenbildenden (sozialen) Insekten, den Termiten, Hummeln, Papierwespen, Bienen und Ameisen, bei denen die erwachsenen Tiere in großen Gemeinschaften, sog. Staaten, mit den Larven zusammen leben und in der ausgiebigsten Weise für ihre Ernährung und Aufzucht sorgen.

In diesen Gruppen von Insekten ist eine interessante Arbeitsteilung eingetreten. Nur die Männchen und ein Teil der Weibchen (bei den Bienen z. B. die Drohnen und Königinnen) haben vollentwickelte Geschlechtsorgane. Diese sorgen nur oder hauptsächlich für die Fortpflanzung und somit für die Vermehrung der Bevölkerung im Staat. Die anderen haben unvollkommen entwickelte oder verkümmerte Geschlechtsorgane, pflanzen sich in der Regel nicht fort, haben dafür aber alle anderen Obliegenheiten übernommen, Nestbau, Brutpflege, Verteidigung. Diese unvollkommenen Insekten hielt man früher für geschlechtslos, sie sind aber, wie gesagt, immer verkümmerte Weibchen oder seltener Männchen (nur bei Termiten und Ameisen). Man bezeichnet sie je nach ihren Hauptverrichtungen als Arbeiter und Soldaten. Wir finden demnach bei jeder staatenbildenden Insektenart mindestens drei „Stände" oder „Kasten": Männchen, Weibchen und Arbeiter. Bei Ameisen und Termiten können verschiedene Formen von Arbeitern und Soldaten vorkommen, so daß der Staat dann noch mehr Stände enthält.

Wie erwähnt, können sich im allgemeinen die Eier der Insekten, ebenso wie diejenigen anderer Tiere nur dann entwickeln, wenn sie von einem Samenfaden befruchtet worden sind. Doch gibt es eine Reihe Ausnahmen von dieser Regel. Bei Arten aus sehr verschiedenen Ordnungen ist die Entwicklung von Eiern ohne vorhergehende Befruchtung beobachtet worden. Man bezeichnet eine solche Fortpflanzung durch nicht befruchtete Eier als Jungfernzeugung oder Parthenogenesis.

Gelegentlich kann sie in verschiedenen Insektenordnungen auftreten, so bei manchen Schmetterlingen und Blattwespen. Bei manchen Insekten muß sie sogar häufiger sein als die normale Fortpflanzung mit vorhergehender Befruchtung. Denn man findet bei diesen Tieren nur höchst selten Männchen: die Sackträger (Psychidae, s. S. 112) unter den Schmetterlingen, manche Blattwespen (Tenthredinidae, s. S. 120), Stabheuschrecken (Phasmidae, s. S. 105) und Schaben (Blattidae, s. S. 105). In allen diesen Fällen gehen aus unbefruchteten Eiern ausschließlich oder doch ganz überwiegend

Weibchen hervor. In anderen Fällen von gelegentlicher Parthenogenese dagegen entwickeln sich die unbefruchteten Eier fast ausschließlich zu Männchen.

Es gibt ferner Insekten, bei denen die Parthenogenesis nicht als gelegentliche, sondern ganz regelmäßige, normale Erscheinung auftritt. So pflanzen sich manche, z. B. einige Blattwespen und Schlupfwespen, scheinbar nur parthenogenetisch fort. Wenigstens hat man von ihnen trotz eifrigen Suchens nie ein männliches Tier auffinden können. Es scheint, daß die Männchen und mit ihnen die Möglichkeit einer zweigeschlechtlichen Fortpflanzung ganz in Fortfall gekommen sind.

Ganz anders liegen die Verhältnisse bei der Honigbiene. Im Bienenstock gehen aus Eiern, welche von der Königin unbefruchtet abgesetzt werden, nur männliche Tiere hervor, die sog. Drohnen. Die weiblichen Bienen dagegen (Königinnen und Arbeiterinnen) verdanken ihre Entstehung immer nur befruchteten Eiern. So erklärt es sich, warum alte Königinnen gegen das Ende ihres Lebens „drohnenbrütig" werden. Die Bienenkönigin wird, wie die meisten Insektenweibchen ja nur einmal befruchtet. Ist allmählich der Vorrat in ihrer Samentasche aufgebraucht, so kann sie nur noch unbefruchtete Eier legen und also nur männliche Nachkommen, Drohnen, erzeugen. Ähnlich der Honigbiene verhalten sich noch andere Hautflügler: die Hummeln, Papierwespen, manche einzellebende Bienenarten und die Ameisen.

Bei noch anderen Insekten finden wir einen regelmäßigen Wechsel von normaler Fortpflanzung mit vorhergehender Befruchtung und Parthenogenesis. Man bezeichnet diese Erscheinung, die auch in anderen Tierklassen vorkommt, als Heterogonie. Im einfachsten Fall, z. B. bei manchen Gallwespen, wechselt immer eine nur aus Weibchen bestehende Generation mit einer zweigeschlechtigen ab. Aus den Eiern der rein weiblichen Generation gehen durch parthenogenetische Entwicklung Tiere beider Geschlechter hervor. Diese begatten sich, und die befruchteten Eier liefern ausnahmslos Weibchen, die sich natürlich nur parthenogenetisch fortpflanzen können. Bezeichnen wir die aus Männchen und Weibchen bestehenden Bruten als a, die rein weiblichen als b, so läßt sich die Heterogonie der Gallwespen durch folgendes Schema wiedergeben: a-b-a-b-a usw.

Komplizierter verläuft die Heterogonie bei den Pflanzenläusen (Blattläuse, Rindenläuse, Wurzelläuse). Bei diesen Insekten folgen immer eine größere Zahl von rein weiblichen Bruten aufeinander, und erst dann gehen aus Eiern, die sich gleich den früheren parthenogenetisch entwickeln, Männchen und Weibchen hervor. Aus den befruchteten Eiern der Weibchen dieser Generation werden nur Weibchen, die sich parthenogenetisch fortpflanzen. Für die Fortpflanzung der Pflanzenläuse läßt sich demgemäß folgendes Schema aufstellen:

a-b-b-b-a-b-b-b-a..... usw.

Mit der Parthenogenesis kann sich noch eine andere Erscheinung verbinden. Bei einigen Insekten können sich die Weibchen — natürlich nur parthenogenetisch — fortpflanzen, bevor sie erwachsen sind. So legen z. B. bei einigen Arten von Zuckmücken (Chironomus) schon Puppen entwicklungsfähige Eier ab. Ja die Weibchen der Gallmücken (Cecidomyidae, s. S. 117) pflanzen sich schon als Larven fort, und zwar ohne Eier abzulegen. Die Jungen dieser lebendig gebärenden Insekten entwickeln sich im Mutterleibe zu Larven, die sich von den Geweben des mütterlichen Körpers ernähren und nach dessen Tode seinen Hautpanzer sprengen und frei werden. Sie können dann selbst wieder in ihrem Innern auf parthenogenetischem Wege Junge hervorbringen, oder aber sie verpuppen sich und wachsen zu vollkommenen Insekten heran. Die Fortpflanzung in Jugendzuständen, als Puppe oder Larve wird Pädogenesis genannt. Sie muß immer mit Parthenogenesis verbunden sein, weil Larven und Puppen noch nicht begattungsfähig sind.

Aus der pädogenetischen Parthenogenesis ist vielleicht eine andere Fortpflanzungsweise hervorgegangen, die von ihr aber wesentlich verschieden ist. Gewisse Schlupfwespen legen ihre Eier in Schmetterlingsraupen, und zwar immer nur je ein Ei in eine Raupe. Trotzdem schlüpfen aus der Puppe, in die sich die befallene Raupe verwandelt, immer eine große Zahl von Schlupfwespen. Diese auffallende Vermehrung geht in sehr einfacher Weise vor sich. Auf einer ganz frühen Entwicklungsstufe zerfällt das Ei, oder richtiger der Embryo der Schlupfwespe in eine größere Zahl kleinerer Zellhaufen, und jeder entwickelt sich zu einer Larve. Alle diese Larven durchlaufen ihre völlige Entwicklung im Körper der Raupe, verpuppen sich in ihm und verlassen schließlich als fertige Insekten die, natürlich abgestorbene, Puppe des Schmetterlings. Diese Art der Fortpflanzung hat man als Germinogonie bezeichnet. Sie unterscheidet sich wesentlich von allen bisher besprochenen. Denn das Ei der genannten Schlupfwespen vermehrt sich ohne Bildung besonderer Geschlechtszellen, durch einfache Teilung, also ungeschlechtlich. Auch in diesem Fall aber haben wir einen regelmäßigen Wechsel. Die durch Germinogonie entstandenen Larven entwickeln sich zu vollkommenen Männchen oder Weibchen. (In einer solchen Brut scheint immer nur eines der beiden Geschlechter vertreten zu sein.) Die befruchteten Eier der Weibchen aber vermehren sich auf ganz jungen Entwicklungsstufen durch Teilung. Einen solchen regelmäßigen Wechsel von geschlechtlicher und ungeschlechtlicher Fortpflanzung, der auch in anderen Tierklassen weit verbreitet ist, pflegt man als Generationswechsel zu bezeichnen.

IV. Entwicklung.

Die allermeisten Insekten verlassen das Ei*) in einem Zustande, der sich beträchtlich von dem des erwachsenen Tieres unterscheidet. Nur die allerniedersten flügellosen Insekten (Apterygota, s. S. 104) sind gleich nach dem Ausschlüpfen den erwachsenen sehr ähnlich und unterscheiden sich äußerlich nur durch geringere Größe. Aber auch sie müssen meistens noch einige Häutungen durchmachen, bevor sie die Geschlechtsreife erlangen.

Alle anderen Insekten müssen bis zur Erreichung des vollkommenen Zustandes eine mehr oder weniger komplizierte Verwandlung durchlaufen. Die stets flügellosen Jugendformen der höheren Insekten pflegt man als Larven zu bezeichnen, das erwachsene, in der Regel geflügelte Tier als Imago.

In den niederen Ordnungen der geflügelten Insekten sind die Larven den Imagines noch sehr ähnlich und unterscheiden sich hauptsächlich durch den Mangel der Flügel von ihnen. Am größten ist die Übereinstimmung im Körperbau, wenn Larven und Imago die gleiche Lebensweise haben, wie z. B. bei Heuschrecken, Blattwanzen usw. Leben beiderlei Formen dagegen unter sehr verschiedenen Bedingungen, so ist auch die Verschiedenheit ihres Baues viel größer. Das zeigen uns z. B. die vielen Insekten, deren Larven im Wasser leben, wie Libellen, Eintagsfliegen usw. Immer aber ist die Verwandlung der Larve in die Imago, die Annäherung des jüngsten Zustandes an den erwachsenen, in diesen niederen Gruppen der geflügelten Insekten ein ganz allmählicher, schrittweise sich

*) In bezug auf die Entwicklungsvorgänge im Ei, die Embryonalentwicklung der Insekten, sei der Leser auf Dr. J. Meisenheimers kürzlich erschienene Entwicklungsgeschichte der Tiere hingewiesen: Sammlung Göschen, Bd. 378 u. 379.

vollziehender. Durch jede Häutung wird die Ähnlichkeit mit dem erwachsenen Zustande um einen kleinen Betrag deutlicher. Namentlich entstehen auch die Flügel ganz allmählich. Schon auf verhältnismäßig jungen Stadien sind ihre Anlagen als kleine lappenförmige Anhänge an Mittel- und Hinterbrust erkennbar. Nach jeder Häutung sind sie etwas größer geworden, um schließlich bei der Imago ihre volle Größe zu erreichen. Eine solche ganz allmähliche Entwicklung der Larve bezeichnet man als unvollkommene Verwandlung. Während ihrer ganzen Dauer ist das Insekt imstande, sich fortzubewegen und Nahrung aufzunehmen. Bei den höheren Insekten (Netzflüglern Zweiflügler, Schmetterlinge, Käfer und Hautflügler) sind die Vorgänge der Verwandlung viel mehr in die Augen fallend. Die Larve unterscheidet sich viel stärker von der Imago. Sie läßt vor allem nie Anlagen von Flügeln erkennen. Auch sind die Mundwerkzeuge bei der Larve häufig ganz anders gestaltet als bei der Imago. Außerdem ist zwischen das älteste Larvenstadium und den vollkommenen Zustand ein Ruhestadium eingeschaltet, auf welchem das Insekt weder der Ortsbewegung noch der Nahrungsaufnahme fähig ist — die Puppe. Eine solche Verwandlung mit einem ruhenden Puppezustand wird als vollkommen bezeichnet.

1. Larvenformen.

Die Larven der verschiedenen Insekten lassen sich, unabhängig vom System, nach Bau und Aussehen in vier große Gruppen einteilen.

a) Campodeide Larven (Fig. 55a). Sie haben sechs wohlentwickelte, mehrgliederige Beine, die meist mit Klauen versehen sind, mehrgliederige Fühler, in der Regel kauende Mundwerkzeuge und am gewöhnlich stark abgeplatteten Hinterleib ein Paar Raife oder Cerci. Die campodeiden Larven haben ihren Namen erhalten von der großen Ähnlichkeit, die viele von ihnen mit einem der niedersten Insekten, der Campodea (s. S. 104), im ausgebildeten Zustande haben. Sie sind sehr beweglich, haben meist einen recht harten Hautpanzer und führen größtenteils eine räuberische Lebensweise. Campodeide Larven finden sich bei fast allen Insekten mit unvollkommener Verwandlung, also den niederen Ordnungen, außerdem bei den meisten Netzflüglern und vielen Käfern, namentlich Lauf-, Wasser- und Raubkäfern.

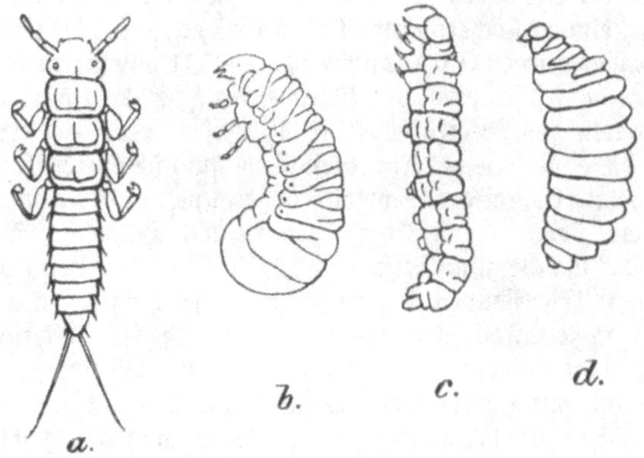

Fig. 55. Larvenformen.
a Campodeide Larve; b Engerling; c Raupe; d Made.

b) Engerlinge (Fig. 55b). Sie besitzen 3 Paar kurze Beine und einen langen weichen, zylindrischen Hinterleib. Sie ernähren sich von pflanzlichen Stoffen oder zerfallenden tierischen Resten. Ihre Bewegungen sind langsam und schwerfällig. Sie führen eine verborgene Lebensweise unter Steinen, in der Erde, in Holz, in vermodernden pflanzlichen und tierischen Substanzen. Ihren Namen trägt diese Larvenform nach der bekannten Larve des Maikäfers. Sie ist besonders charakteristisch für die Mehrzahl der Käfer, findet sich sonst nur noch bei den Holzwespen (s. S. 120).

c) Raupen (Fig. 55c). Außer den drei an der Brust sitzenden Beinpaaren, die auch den bisher besprochenen Larven zukommen, haben die Raupen noch eine Anzahl von kurzen, ungegliederten, stummelförmigen Beinen am Hinterleib. Diese sind keine eigentlichen Extremitäten und werden daher falsche oder Afterfüße genannt. Ihre Zahl kann recht verschieden sein. Danach unterscheidet man die echten Raupen der Schmetterlinge, einiger Köcherfliegen (Trichoptera, s. S. 111) und der Skorpionsfliegen (Panorpatae, s. S. 111) mit nie mehr als 5 und die Afterraupen der Blattwespen (s. S. 120) mit 7 oder 8 Paaren von Afterfüßen. Die Afterfüße tragen nie Klauen wie die echten Beine. An ihrem Ende sind sie scheibenförmig abgeplattet. Bei den Schmetterlingsraupen ist der Rand der Scheibe von einem Kranz von kleinen Häkchen umstellt, die der Raupe zum Festhalten an Zweigen und dergleichen dienen. Die Raupen sind ganz überwiegend Pflanzenfresser. Ein großer Teil von ihnen (namentlich Schmetterlings- und Blattwespenraupen) leben frei auf Blättern. Sie sind oft mit Haaren oder Dornen geziert und viel farbenprächtiger als die Larven irgendwelcher anderer Insekten. Andere leben im Holz oder in Früchten und sind meist unscheinbarer gefärbt. Nur wenige halten sich in der Erde (Skorpionsfliegen) oder im Wasser (Köcherfliegen und einige Schmetterlinge) auf. Manche spinnen sich ein Gehäuse als Schutzhülle.

d) Maden (Fig. 55d). Hierzu rechnet man alle vollkommen beinlosen Larven, deren Körperformen im einzelnen recht verschieden sein können. Sie finden sich hauptsächlich bei Zweiflüglern, Käfern, Hautflüglern. Alle haben eine Lebensweise, bei der sie Beine gut entbehren können. Entweder leben sie im Holz, wie die Larven der Bock-, Rüssel- und Borkenkäfer, und in anderen Pflanzenteilen, z. B. jene der Gallwespen und -mücken. Oder aber sie wühlen in tierischen Stoffen, Fleisch, Dung usw,. wie die Maden der Schmeißfliegen und anderer Insekten. Beinlos sind ferner die Larven der geselligen Hautflügler. Sie werden entweder von den Arbeiterinnen gefüttert und umhergetragen (Ameisen), oder sie schwimmen einfach in ihrem Futter (Bienen und Hummeln). Ebenso sind die in anderen Insekten schmarotzenden Larven der Schlupfwespen, Raupenfliegen und einiger anderer Zweiflügler madenförmig. Schließlich gibt es noch einige im Wasser lebende Maden von Mücken, die sich einfach durch Schlängelung des Körpers fortbewegen.

Die Dauer des Larvenzustandes ist bei den verschiedenen Insekten sehr verschieden. Kleine Insekten von einfachem Körperbau erreichen ihre volle Größe und Ausbildung in wenigen Tagen nach einer oder ein paar Häutungen. Große, höher organisierte brauchen dagegen Wochen, Monate und sogar Jahre bis zur Erreichung des Imagozustandes. Auch die Art der Nahrung kann bestimmend sein für die Dauer der Entwicklung. Bei Larven, die sich von leicht und schnell verdaulichen Stoffen nähren, gehen Wachstum und Entwicklung natürlich schnell von statten. Die auf faulem Fleisch u. dgl. lebenden Maden der Schmeißfliegen nehmen z. B. in 24 Stunden um das 200fache ihres Körpergewichtes zu und sind in wenigen Tagen reif zur Verpuppung. Viel langsamer entwickeln sich die pflanzenfressenden Larven, besonders die im Holz lebenden. Die Zahl der Häutungen, welche die Insektenlarven bis zur Erreichung des Imagozustandes oder bis zur Verpuppung durchzumachen haben, ist ebenfalls sehr verschieden: von einer einzigen (Campodea) bis zu 20 und mehr (Eintagsfliegen). Die meisten Insekten bedürfen zu ihrer vollen Entwicklung 4 oder 5 Häutungen.

2. Verpuppung.

Wenn die Larve eines Insektes mit vollkommener Verwandlung nach einer bestimmten Zahl von Häutungen ihre volle Größe erreicht hat, schickt sie sich zur Verpuppung an. Sie hört auf zu fressen und entledigt ihren Darm seines gesamten Inhalts. Viele Larven ändern jetzt auch ihren Wohnort. Manche, z. B. die vieler Schwärmer, und Eulen graben sich in die Erde ein. Dasselbe tun die Larven der Wasserkäfer, nachdem sie vorher das Wasser verlassen haben. Die Räupchen vieler Kleinfalter, die in Stengeln, Blättern oder Früchten leben, bohren sich nach außen ans Tageslicht, ebenso die Maden mancher schmarotzenden Fliegen. Sehr viele andere Larven verpuppen sich dagegen an ihrem gewöhnlichen Wohnort.

Die Verpuppung besteht im wesentlichen immer in einer Häutung, nach welcher das Insekt aber ein völlig anderes Aussehen gewinnt als früher. Vor allem ist die Puppe in der Regel ganz oder fast unbeweglich, höchstens reagiert sie auf Berührungen und andere Reize durch Schlagen mit dem Hinterleib. Eine Ausnahme machen jedoch die Puppen der Stechmücken. Sie bewahren sich ihre volle Beweglichkeit und schwimmen ebenso lebhaft im Wasser wie die Larven.

Obgleich die Nahrungsaufnahme während des Puppenzustandes vollkommen eingestellt ist, dauern Blutkreislauf und Atmung fort, und mit ihnen folglich auch der Stoffwechsel. Um diesen zu unterhalten, muß die Puppe von den Reservenährstoffen zehren, den ihre Körpergewebe, namentlich der Fettkörper, enthalten. Alle Insekten verlieren daher während der Puppenruhe beträchtlich an Masse, der Seidenspinner z. B. fast die Hälfte seines Körpergewichtes.

Die Haut der Puppe ist meist sehr fest und hart, und die Puppen sind daher oft imstande, allerlei schädigende Einflüsse besser zu überstehen als die Larven. Die Zahl und Anordnung der Segmentgrenzen auf der Puppenhaut entspricht immer der der Imago und entfernt sich oft sehr beträchtlich von jener der Larve.

Nach ihrer Gestalt und der größeren oder geringeren Selbständigkeit ihrer Körperabschnitte und Gliedmaßen lassen sich folgende Formen von Puppen unterscheiden:

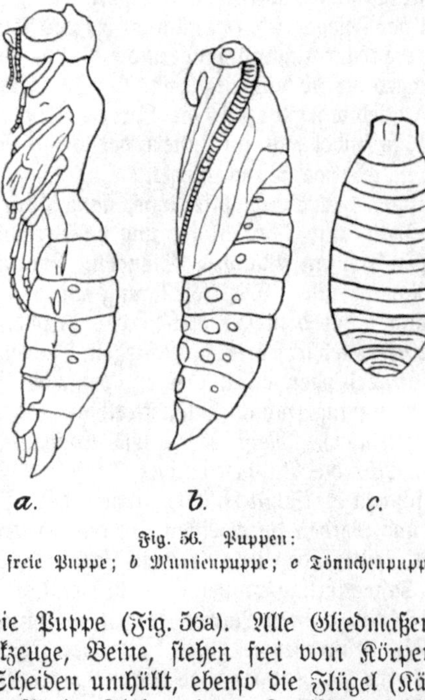

Fig. 56. Puppen:
a freie Puppe; *b* Mumienpuppe; *c* Tönnchenpuppe.

1. Freie Puppe (Fig. 56a). Alle Gliedmaßen, Fühler, Mundwerkzeuge, Beine, stehen frei vom Körper ab, von eigenen Scheiden umhüllt, ebenso die Flügel (Käfer, Hautflügler, Netzflügler, Flöhe und von Zweiflüglern die Mücken).

2. Mumienpuppen (Fig. 56b). Fühler, Beine und Flügel liegen dem Körper dicht an, und ihre Hüllen sind mit ihm ver-

klebt. Das gilt meist auch von den Mundwerkzeugen; doch kann die Rollzunge (Saugrüssel) der Schmetterlinge frei abstehen, z. B. bei allen Schwärmerpuppen (Schmetterlinge, Bremsen, Gallmücken und einige andere Zweiflügler).

3. Tönnchenpuppen (Fig. 56c). Die sog. Tönnchenpuppen der Fliegen sind eigentlich freie Puppen wie jene der Mücken. Nur ist ihre Freigliederigkeit äußerlich nicht erkennbar. Die Maden der Fliegen streifen nämlich bei der Verpuppung die letzte Larvenhaut nicht ab, sondern die Puppe bleibt in ihr liegen und wird von ihr allseitig umhüllt. Sie erscheint demnach ebenso gliedmaßenlos wie die Larve. Öffnet man das „Tönnchen", so findet man im Innern der letzten Larvenhaut die echte freigliederige Puppe liegen.

Die Puppen vieler Schmetterlinge, namentlich der Tagfalter, der Blatt- und Marienkäfer und einiger anderer Insekten hängen frei an Blättern, Stengeln, Baumstämmen, Zäunen, Mauern usw. Die Befestigung an der Unterlage geschieht immer mit dem Hinterende der Puppe, entweder mit Hilfe eines Klebstoffes (Schwebfliegen, Marienkäfer und einige Blattkäfer) oder durch Seidenfäden, die die Larve vor der Verpuppung spinnt (Schmetterlinge und die Mehrzahl der Blattkäfer). Meist hängt das Kopfende senkrecht nach unten. Nur die Puppen einiger Tagfalter (Weißlinge, Schwalbenschwänze, Schillerfalter) tragen das Vorderende nach oben und werden durch einen um die Körpermitte geschlungenen Seidenfaden in aufrechter Lage erhalten.

Viele Schmetterlingsraupen — namentlich jene der Spinner, die daher ihren Namen tragen — spinnen in der oben (S. 77) besprochenen Weise besondere Schutzhüllen, sog. Kokons, für die Puppe. Das Kokon kann entweder nur eine ganz lockere Hülle sein (z. B. Schwammspinner) oder aber ein sehr dichtes und festes Gewebe darstellen. Ja die Raupe des Schlehenspinners (s. u. S. 114) fertigt sogar eine doppelte Hülle an aus zwei ineinander geschachtelten Kokons. Verfestigt werden kann das Seidengespinst noch durch Absonderungen der Malpighischen Gefäße. Diese werden kurz vor der Verpuppungshäutung vollkommen entleert. Ihr flüssiger Inhalt durchdringt das ganze Gespinst und erstarrt an der Luft bald zu einer harten Masse, die dem Kokon eine bedeutende Festigkeit verleiht. Von den Absonderungen der Malpighischen Gefäße rührt auch die dunkle Färbung vieler Kokons her. Die Seide selbst ist immer blaßgelb gefärbt. Ganz ähnliche Kokons wie die Schmetterlingsraupen fertigen auch die Larven der Blatt- und Holzwespen, der Ameisen, Bienen und echten Wespen, der Schlupf- und Mordwespen, vieler Käfer und Netzflügler an.

Die Insekten, welche sich schon als Larven ein Gehäuse verfertigen, wie die Köcherfliegen und die Sackträger, halten in diesem auch ihre Puppenruhe.

Die Zeitdauer der Puppenruhe ist bei den verschiedenen Insekten von sehr verschiedener Länge: von wenigen Tagen bis zu mehreren Monaten. In den Ländern der gemäßigten und kalten Zone pflegen sehr viele Insekten, z. B. eine große Anzahl von Schmetterlingsarten auf dem Puppenstadium die kalte Jahreszeit zu verbringen. Andere überwintern allerdings auch als Eier, Larven oder im Imagozustande.

Bei manchen Insekten kann die Verwandlung von dem gewöhnlichen Schema: Larve, Puppe, Imago, abweichen und sich komplizierter gestalten. Die unter dem Namen „Maiwürmer" oder „Ölkäfer" bekannten Käfer der Gattung Meloe (s. S. 128) z. B. schlüpfen aus dem Ei als echte campodeide Larve. Diese lebt anfangs auf Blüten, hängt sich aber dann an gewisse blumenbesuchende Bienen an und läßt sich von diesen ins Nest tragen. Dort dringt sie in eine Zelle ein und frißt das in dieser befindliche Ei. Darauf verwandelt sie sich durch die erste Häutung in einen Engerling. Dieser nährt sich von dem eingetragenen Honig der Biene. Nach einer zweiten Häutung verwandelt er sich in eine fußlose, unbewegliche Made, die man als Scheinpuppe bezeichnet.

Aus dieser geht nach einer abermaligen Häutung wieder ein sechsbeiniger Engerling hervor. Und erst dieser verwandelt sich in eine echte freigliederige Käferpuppe, aus der später die Imago ausschlüpft.

Bei den Eintagsfliegen (s. S. 110) ist zwischen das letzte im Wasser lebende Larvenstadium und die Imago noch ein besonderes geflügeltes Stadium eingeschoben, die sog. Subimago. Die erwachsene Larve begibt sich an die Oberfläche des Wassers, häutet sich und fliegt als Subimago davon. Bald jedoch läßt sie sich an einem Schilfstengel, Grashalm oder dergleichen nieder und häutet sich hier noch einmal. Erst jetzt hat das Insekt den wirklichen, fortpflanzungsfähigen Imagozustand erreicht. Die Eintagsfliegen sind die einzigen Insekten, die in flugfähigem Zustande noch eine Häutung durchmachen.

3. Innere Vorgänge bei der Verwandlung.

Bei den Insekten mit unvollkommener Verwandlung geht die Entwicklung der Organe im Innern des Körpers ebenso allmählich vonstatten wie jene der äußeren Körperformen. Doch ist mit der Entwicklung wohl immer ein ausgiebiger Ersatz der während des Larvenlebens abgenutzten Körperteile verbunden. Die alten Zellen und Gewebe gehen großenteils zugrunde und werden durch neue ersetzt. Viel mächtiger sind diese inneren Umbildungen bei den Insekten mit vollkommener Verwandlung. Von den inneren Organen bleiben nur die Geschlechtsorgane erhalten, die ja noch nicht wirksam gewesen und deshalb auch nicht abgenutzt sind, und die Blutgefäße, welche ja während aller Zustände, auch in der Zeit der Puppenruhe, für das Leben des Tieres nötig sind. Alle anderen Organe, Muskeln, Darm, Nervensystem, Tracheen, Drüsen usw. gehen zugrunde. An ihrem Untergang können sich die Blutzellen beteiligen. Sie drängen sich an die einzelnen Zellen heran, nehmen sie bruchstückweise in sich auf und verdauen sie, ganz so wie etwa eine Amöbe Bakterien oder kleine Algen „frißt". Freßzellen oder Phagozyten hat man die Blutzellen auf diesem Stadium daher auch genannt. Die Neubildung der Gewebe und Organe geht von besonderen Zellgruppen, den Imaginalscheiben, aus. Diese finden sich an allen dem Untergang geweihten Organen und bestehen aus Zellen, die während des Larvenlebens noch keine Arbeit zu leisten hatten und deshalb noch jugendfrisch geblieben waren.

Auch die Verwandlung in den Imagozustand ist wieder mit einer Häutung verbunden. Die Puppenhülle springt, meist durch einen Längsriß auf der Rückenseite, an einer für jede Art fest bestimmten Stelle auf, und das Insekt arbeitet sich durch eigene Tätigkeit aus der Puppenhaut heraus. Ruht die Puppe in einem Kokon, so besitzt dieses entweder eine vorgebildete Öffnung für das ausschlüpfende Tier, oder aber es wird an einer bestimmten Stelle durch eine von der Imago abgesonderte Flüssigkeit erweicht und so der Durchbruch der Hülle erleichtert. Manche Puppen, namentlich die im Holze ruhenden vieler Schmetterlinge, schieben sich durch eigene Bewegung vor dem Ausschlüpfen so weit ins Freie, daß die Verwandlung ungestört vor sich gehen kann. Dagegen bleiben die Puppen von Insekten mit kräftigen Freß- und Grabwerkzeugen (z. B. Borkenkäfer, Holzwespen, Maikäfer usw.) an ihrer Ruhestätte in der Erde oder im Holz liegen, und erst die Imago arbeitet sich aus dem Schlupfwinkel hervor.

Das frisch aus der Puppe geschlüpfte Insekt ist noch weich, und seine Flügel sind vielfach gefaltet. An der Luft erhärtet es bald und dehnt die Flügel aus, indem es Luft in ihre Tracheen einpumpt. Wenn die Farbe eines Insekts nicht, wie bei den Schmetterlingen, durch Schuppen und Haare bedingt wird, so erscheint die Imago anfangs ganz hell und matt, meist einfach gelblich gefärbt. Erst allmählich treten lebhaftere Farbentöne auf. Man nennt diesen Vorgang, der sich z. B. an Käfern sehr schön beobachten läßt, Ausfärbung oder Verfärbung.

V. Systematische Übersicht.

Klasse Insecta (Hexapoda), Insekten, Kerfe.

I. Unterklasse: Apterygogenea. Unechte Insekten.

Die niedersten aller Insekten; von manchen Forschern als besondere Klasse abgetrennt, von anderen als Übergangsformen zwischen Tausendfüßern und Insekten aufgefaßt.

Kleine, meist zarthäutige, stets flügellose Tiere von larvenähnlichem Aussehen. Mundwerkzeuge kauend. Brust und Hinterleib oft nicht deutlich gesondert. Letzterer mit 6—11 Segmenten, die z. T. Reste von Gliedmaßen (Griffel und Raife) tragen. Jugendformen der Imago sehr ähnlich, Entwicklung durch nur wenige Häutungen ohne eigentliche Verwandlung. Leben unter Steinen und an anderen dunklen, feuchten Orten; Nahrung: pflanzliche und tierische Abfälle.

1. Ordnung: **Collembola, Springschwänze.** Körper gedrungen. Abdomen mit nur 6, oft z. T. verschmolzenen Segmenten. Reste von Gliedmaßen am 1., 3. und 4. Segment. An letzterem lange, nach unten einschlagbare Griffel, mit deren Hilfe das Tier sich fortschnellen kann (Springgabel). Füße eingliederig. Malpighische Gefäße fehlen, ebenso bei manchen Gattungen die Tracheen.

Podura aquatica, Wasserfloh. Auf der Oberfläche von Tümpeln und Gräben hüpfend. Desoria glacialis, Gletscherfloh. Auf Schnee und Eis der Polarländer und Hochgebirge, zuweilen massenhaft auftretend, als sog. „schwarzer Schnee".

2. Ordnung: **Campodeidea.** Körper schlank, abgeflacht. Hinterleib mit 10 deutlichen Segmenten, mit einem Paar Raife am verkümmerten 11. Segment und Griffeln am 1.—7. Füße eingliederig, Malpighische Gefäße fehlend oder sehr klein.

Hierher die Gattung Campodea, nach der die campodeiden Larven genannt werden.

3. Ordnung: **Tysanura, Borstenschwänze.** Körper schlank, abgeflacht, meist beschuppt. Hinterleib mit 12 Segmenten. Am 11. Raife und ein unpaarer, ebenfalls gegliederter Schwanzanhang. An 2—7 Segmenten Griffel. 4, 6 oder 12 Malpighische Gefäße.

Lepisma saccharina, Zuckergast, Silberfischchen. Silbergrau glänzend, beschuppt. In Kellern, Speisekammern und anderen

Vorratsräumen, oft in großer Zahl; zeigt Vorliebe für süße Stoffe, Zucker, Honig, soll aber auch Wäsche und Kleidungsstücke durch Nagen beschädigen.

II. Unterklasse: **Pterygogenea. Echte Insekten.**

Alle drei Körperregionen stets deutlich gesondert. In erwachsenem Zustande geflügelt, oder Flügel nachweislich durch Verkümmerung verloren. Entwicklung stets mit Verwandlung.

1. Ordnung: **Orthoptera, Geradflügler.** Mundwerkzeuge kauend, Vorderflügel lederartig. Raife immer, Griffel meist vorhanden. Malpighische Gefäße zahlreich. Eiröhren ohne Nährzellen Verwandlung unvollkommen.

1. Unterordnung: **Blattodea**. Fühler lang, vielgliederig. Flügel in der Ruhe dem Körper flach aufliegend. Laufbeine mit 5 gliederigen Füßen. Griffel bei beiden Geschlechtern. Eier werden in Kokons abgelegt. Nahrung: pflanzliche und tierische Stoffe.

Fam. Blattidae, Schaben. Phyllodromia germanica, deutsche oder Küchenschabe. In Häusern, namentlich Küchen, Bäckereien u. dgl., seltener in Wäldern. Schädlich durch Verzehren von Brot, Mehl, Getreide, Fleisch usw. Periplaneta orientalis, Bäckerschabe, größer als die vorige, Weibchen mit verkümmerten Flügeln, besonders in Bäckereien und Mühlen; Lebensweise wie bei der vorigen. Vielleicht aus dem Orient eingewandert. Ectobia lapponica, lappländische Schabe. In Mitteleuropa in Wäldern, in Lappland in Häusern, den Fischvorräten der Eingeborenen verderblich. In den Tropen noch zahlreiche, z. T. sehr große Arten.

2. Unterordnung: **Mantodea.** Fühler lang, vielgliederig. Flügel in der Ruhe dem Körper flach aufliegend. Vorderbeine Raubbeine, mittlere und hintere Laufbeine. Füße 5 gliederig. Griffel nur bei den Männchen erhalten. Raubinsekten.

Familie Mantidae, Fangheuschrecken. Meist Bewohner der Tropen und Subtropen. In Europa (nördlich bis Frankfurt a. M. beobachtet) hauptsächlich Mantis religiosa, Gottesanbeterin (so genannt wegen der sonderbaren Haltung der Vorderbeine), auf Gebüsch, Jagd auf andere Insekten machend

3. Unterordnung: **Phasmodea,** Gespenstheuschrecken. Körper lang, stabförmig oder breit, flach gedrückt, blattförmig. Fühler lang, vielgliederig. Flügel in der Ruhe dem Körper flach aufliegend, oft fehlend. Laufbeine. Füße 5 gliederig. Griffel fehlen beiden Geschlechtern. Blattfresser.

Familien: Phasmidae, Stabheuschrecken. Körper stabförmig,

dürren Zweigen ähnelnd. Flügel fehlend. Meist tropische Tiere. Bacillus rossii in Südeuropa. An manchen Orten die Männchen sehr selten. Daher häufig Parthenogenesis durch viele Generationen. Phyllidae, Blattheuschrecken. Vorderflügel klein, verkümmert. Hinterflügel groß, in Form und Aderverlauf oft Blättern der Nährpflanze täuschend ähnlich. Phyllium siccifolium, wandelndes Blatt in Ostindien und dem Malaiischen Archipel. Eier Pflanzensamen nachahmend.

4. Unterordnung: **Saltatoria**, echte Heuschrecken. Körper meist gedrungen. Kopf groß, senkrecht gestellt. Flügel oft fehlend. Hinterbeine=Sprungbeine. Füße 4—2 gliederig. Griffel höchstens beim Männchen vorhanden. Zirp- und Chordotonalorgane. Teils Raubinsekten, teils Pflanzenfresser.

Familien: Locustidae, Laubheuschrecken, Heupferde. Fühler länger als der halbe Körper, mit mehr als 30 Gliedern. Füße 4 gliederig. Männchen meist mit Griffel. Weibchen mit langer, säbelförmiger Legescheide. Zirporgane am Grunde der Vorderflügel, Chordotonalorgane an den Schienen der Vorderbeine. Flügel in der Ruhe dachförmig zusammengelegt, zuweilen verkümmert oder fehlend. Die Eier werden vermittelst der Legeröhre in die Erde versenkt. Raubinsekten. Locusta viridissima, großes Heupferd, und Decticus verricosus, Wadenbeißer, größte deutsche Arten, daneben zahlreiche kleine. Felder, Wiesen, Wälder, auf Halmen, Sträuchern, Bäumen.

Acrididae, Feldheuschrecken. Fühler kürzer als der halbe Körper, mit weniger als 30 Gliedern. Füße dreigliederig. Griffel fehlen. Legeröhre des Weibchens kurz. Zirporgane am Hinterschenkel und einer Ader der Vorderflügel. Chordotonalorgan am Hinterleib. Flügel in der Ruhe dachförmig zusammengelegt, zuweilen verkümmert oder fehlend. Eiablage flach unter die Erde. Pflanzenfresser. Manche Arten in großen Scharen weite Züge unternehmend, und dann große Verheerungen auf Wiesen und Feldern verursachend.

Pachytylus migratorius, europäische Wanderheuschrecke, aus den osteuropäischen Steppen weit nach Westeuropa bis Spanien und England vorgedrungen.

Oedipoda coerulescens mit blauen, oder roten, schwarzgebänderten Hinterflügeln, im Fluge ein knarrendes Geräusch erzeugend.

Gryllidae, Grabheuschrecken. Fühler länger als der halbe Körper. Flügel in der Ruhe dem Körper flach aufliegend; Vorderflügel kurz, Hinterflügel lang, eingerollt. Füße dreigliederig. Griffel. Legeröhre des Weibchens lang oder fehlend. Zirporgane: Schrillader und -kante an den Vorderflügeln. Chordotonalorgan an den Vorderschienen. Meist unterirdisch in selbstgegrabenen Gängen lebende Nachttiere. Teils Raubinsekten, teils Allesfresser.

Gryllus campestris, Feldgrille, mit langer Legeröhre und gut entwickeltem Springvermögen, auf sandigen Feldern und Heiden in flachen Erdgängen, deren jeden nur ein Tier bewohnt. Nahrung: kleine Tiere, vielleicht auch Wurzeln. G. domesticus, Hausgrille, Heimchen, etwas kleiner und heller gefärbt. In Häusern, namentlich Küchen, Backstuben, in Mauerlöchern u. dgl., nährt sich von Küchenabfällen aber wohl auch von anderen Insekten und sonstigen kleinen Tieren.

Gryllus devastator, in Südafrika als Wanderheuschrecke auftretend. Gryllotalpa gryllotalpa, Maulwurfsgrille, Werre, Erdkrebs. Springvermögen sehr herabgesetzt, dafür Flugvermögen besser als bei anderen Grillen. Vorderbeine Grabbeine, Legeröhre fehlt. Lebt in selbstgegrabenen Gängen wie die Feldgrille. Fliegt abends niedrig und schwerfällig umher. Eiablage in besonderen, von den Weibchen bis 12 cm tief gegrabenen Nestern, deren Wände durch Speichel verfestigt werden. Das Weibchen lebt noch längere Zeit und soll die Eier bewachen, allerdings aber auch einen Teil der ausschlüpfenden Larven verzehren. Die Maulwurfsgrille nährt sich hauptsächlich von Regenwürmern, Schnecken, Engerlingen, ist also insofern nützlich, schadet aber beim Graben ihrer Gänge durch Zerbeißen von Wurzeln und Ausheben junger Keimpflanzen.

2. Ordnung: **Dermaptera.** Mundwerkzeuge kauend; Fühler schnurförmig mit 10—30 Gliedern; Vorderflügel hornig, verkürzt, in der Ruhe flach aufliegend, den Hinterleib frei lassend; Hinterflügel häutig, groß, fächerförmig, in der Ruhe unter den Vorderflügeln zusammengefaltet, zuweilen fehlend; Hinterleib mit 11 Segmenten; Raife ungegliedert, zusammen eine Zange bildend, die zum Entfalten der Hinterflügel dient; 8—10 Malpighische Gefäße; Eiröhren mit wechselständigen, nur je eine Nährzelle enthaltenden Nährkammern. Verwandlung unvollkommen.

Familie Forficulidae, Ohrwürmer. Sowohl Raubinsekten, als Pflanzenfresser. Unter Steinen und in ähnlichen Schlupfwinkeln, aber auch auf Blüten lebend. Über die Brutpflege der Weibchen s. o. S. 88. Häufigste deutsche Art: Forficula auricularia, gemeiner Ohrwurm.

3. Ordnung: **Thysanoptera (Physapoda), Blasenfüße.** Mundwerkzeuge (schon bei der Larve) saugend; Unterkiefer und Unterlippe bilden einen kegelförmigen Rüssel, in welchen die zu Stechborsten umgebildeten Oberkiefer bewegt werden; Fühler fadenförmig, kurz; Flügel lang, schmal, am Rande mit langen Haaren (Fransen) besetzt, die vorderen meist etwas härter als die hinteren, in der Ruhe dem Körper flach aufliegend. Füße 1—2 gliederig, mit verkümmerten Klauen und großer Haftblase. Hinterleib mit 10 Segmenten, beim Weibchen oft mit Legebohrer. 4 Malpighische Gefäße. Eiröhren ohne Nährzellen; Verwandlung unvollkommen. Stechen Pflanzenteile an und saugen deren Säfte.

Fam. Thripidae u. a. Limothrips cerealium, Getreideblasenfuß, Larven in Getreideähren, schädlich.

4. Ordnung: **Isoptera, Termiten.** Staatenbildend mit männlichen und weiblichen Arbeitern und Soldaten. Mundwerkzeuge kauend; Fühler fadenförmig, mit 9—30 Gliedern; alle Flügel häutig, groß, netzaderig, in der Ruhe dem Körper flach aufliegend, werden nach der Begattung abgeworfen; Hinterleib mit 10 Segmenten. Kurze, gegliederte Raife, häufig auch Griffel. 8 Malpighische Gefäße. Eiröhren sehr zahlreich, ohne Nährzellen. Verwandlung unvollkommen. Nahrung: tierische und pflanzliche Stoffe.

Fam. Termitidae, Termiten, weiße Ameisen. Bauen große Nester: teils lockere oder aber auch sehr feste und große Hügel aus Sand oder Ton, teils labyrinthische Kammern und Gänge im Holz von Bäumen. In jedem Nest immer ein Paar Geschlechtstiere (König und Königin), die ihre Flügel verloren haben, und zahlreiche flügel- und augenlose Arbeiter und Soldaten, jene mit kleinem, diese mit großem Kopf und sehr starken Kiefern. Bei manchen Arten noch einige Ersatzkönige und -königinnen. Lebensweise fast ganz unterirdisch in selbstgegrabenen oder überwölbten Gängen. Meist tropische Tiere. In ihrer Heimat sehr gefürchtet, namentlich in Häusern, wo sie bei ihrer großen Gefräßigkeit Vorräte der verschiedensten Art, sowohl pflanzlicher als tierischer Herkunft, zerstören. In Europa nur wenige Arten, z. B. Calotermes flavicollis.

5. Ordnung: **Corrodentia.** Mundwerkzeuge teils kauend, teils saugend. Flügel gleichartig, zarthäutig, ohne Queradern, in der Ruhe dachförmig zusammengelegt, oder fehlend. Hinterleib mit 9—10 Segmenten. 4 Malpighische Gefäße. Eiröhren mit wenigen wechselständigen Nährzellen, Verwandlung unvollkommen.

1. Unterordnung: Psocidea. Mundwerkzeuge kauend. Augen gut entwickelt. Fühler lang, borstenförmig, mehrgliederig. Meist

geflügelt. Füße 2—3 gliederig mit 2 Klauen. Hinterleib mit 9—10 Segmenten. Pflanzenfresser.

Fam. Psocidae, Holzläuse. Die geflügelten Arten an Baumstämmen, Planken usw., von Flechten und trockenen Pflanzenteilen lebend. Die Weibchen spinnen über die an Blätter gelegten Eier eine Schutzhülle. Einige ungeflügelte, z. B. Troctes divinatorius, Atropos pulsatorius (Staub- oder Bücherläuse), in Bibliotheken, Herbarien, Insektensammlungen.

2. Unterordnung: **Mallophaga,** Pelzfresser, Federlinge. Mundwerkzeuge kauend. Fühler kurz, 3—5 gliederig, Augen schwach entwickelt oder fehlend. Füße 1—2 gliederig mit 1 oder 2 Klauen. Hinterleib mit 8—10 Segmenten. Schmarotzer auf Vögeln und Säugetieren, fressen Haare oder Federn. Trichodectes latus, Hundehaarling.

3. Unterordnung: **Siphunculata,** echte Läuse. Mundwerkzeuge stechend mit verkümmerten Oberkiefern. Fühler kurz, 5 gliederig. Seitenauge auf ein Teilauge verkümmert. Füße eingliederig mit einer Klaue. Hinterleib mit 9 Segmenten. Schmarotzern auf Säugetieren. Eier, sog. Nisse, an Haare angeklebt.

Fam. Pediculidae. Pediculus capitis, Kopflaus, P. vestimenti, Kleiderlaus des Menschen.

6. Ordnung: **Plecoptera.** Mundwerkzeuge kauend, Oberkiefer oft verkümmert. Fühler lang, borstenförmig, vielgliederig. Flügel zarthäutig, mit wenig Queradern, in der Ruhe dem Körper flach aufliegend, zuweilen verkümmert oder fehlend. Imago mit 3 Paar blattförmigen Tracheenkiemen an der Brust. Hinterleib mit 10 Segmenten. Raife lang, vliegliederig, selten verkümmert. Zahlreiche Malpighische Gefäße. Eiröhren ohne Nährzellen. Verwandlung unvollkommen, Larven im Wasser, mit büschelförmigen Tracheenkiemen an der Brust.

Fam. Perlidae, Afterfrühlingsfliegen. An Gewässern. Die Eier werden in einem Klumpen ins Wasser abgelegt. Larven in fließenden Gewässern unter Steinen, sich hauptsächlich von Eintagsfliegenlarven nährend. Perla maxima, größte deutsche Art

7. Ordnung: **Ephemeroidea*).** Mundwerkzeuge kauend, Oberkiefer verkümmert oder fehlend. Fühler kurz, 2—3 gliederig. Beim Männchen zuweilen Turbanaugen über den Seitenaugen. Flügel zarthäutig, mit zahlreichen Queradern, in der Ruhe aufrecht über

*) Unsere 1.—7. Ordnung faßte man früher als **Orthoptera** zusammen. Die echten Läuse werden heute noch oft zu den **Hemiptera** gestellt.

dem Rücken zusammengeschlagen. Vorderbeine beim Männchen sehr lang. Hinterleib mit 11 Segmenten, langen gegliederten Raifen, oft noch mit einem ebenfalls gegliederten unpaaren Schwanzanhang. Griffel beim Männchen vorhanden, bei der Begattung als Haltezange dienend. Zahlreiche Malpighische Gefäße. Eiröhren mit endständigen Nährkammern. Verwandlung unvollkommen. Larven im Wasser, mit büschel- oder blattförmigen Tracheenkiemen an 7 Segmenten des Hinterleibes.

Fam. Ephemeridae, Eintagsfliegen. Larven am Grunde fließender Gewässer von anderen Insekten, namentlich auch Mückenlarven lebend. Verwandlung lang dauernd mit sehr zahlreichen Häutungen. Imago sehr kurzlebig, nimmt keine Nahrung zu sich und stirbt bald nach der Begattung. Die Eier werden einzeln, oder durch gallertige Hüllen zu Klumpen oder Schnüren vereinigt, ins Wasser abgelegt. Zahlreiche Gattungen und Arten. Ephemera vulgata, mit unpaarem Schwanzanhang zwischen den Raifen. Palingenia horaria, oft massenhaft auftretend, die Ansammlungen der abgestorbenen Tiere an Flußufern unter dem Namen „Uferaas" als Fischnahrung verwandt. Cloeon dipteron ohne Hinterflügel usw.

8. Ordnung: **Odonata, Wasserjungfern, Libellen*)**. Mundwerkzeuge kauend. Fühler kurz, 9—10 gliederig. Flügel häutig, groß, netzaderig, in der Ruhe ausgebreitet oder aufrecht über dem Rücken zusammengeschlagen. Hinterleib mit 11 Segmenten und kurzen, ungegliederten Raifen Zahlreiche Malpighische Gefäße. Eiröhren ohne Nährzellen. Verwandlung unvollkommen. Larven im Wasser, mit blattförmigen Tracheenkiemen an der Spitze des Hinterleibes. Unterlippe zu einem vorschnellbaren Fangapparat (Fangmaske) ausgebildet. Raubinsekten.

Fam. Calopterygidae, Libellulidae, Aeschnidae, Agrionidae usw. Alle ausgezeichnete Flieger. Manche Arten, z. B. Libellula depressa und L. quadrimaculata, zuweilen in ungeheuren Massen wandernd.

9. Ordnung: **Neuroptera, Netzflügler.** Mundwerkzeuge kauend. Flügel groß, häutig, netzaderig, in der Ruhe dachförmig zusammengelegt. Hinterleib 10 gliederig. 6—8 Malpighische Gefäße. Eiröhren mit Nährzellen. Metamorphose vollkommen. Larven campodeid, Puppe freigliederig.

*) Unsere 6.—8. Ordnung faßte man früher als Pseudoneuroptera, Scheinnetzflügler, oder Amphibiotica (wegen des Wasserlebens der Larven) zusammen.

Fam. Sialidae, Wasserflorfliegen. Fühler fadenförmig. Flügel mit wenig Queradern, vielgliederig. Hinterleib mit ungegliederten Raifen. Eiröhren mit endständiger Nährkammer. Larven im Wasser, mit fadenförmigen Tracheenkiemen am Hinterleib. In Deutschland nur 2 Arten: Sialis fuliginosa und lutaria.

Megaloptera, Jungfern. Flügel groß mit reichem Netzgeäder. 8 Malpighische Gefäße. Eiröhren mit wechselständigen, wenig zahlreichen Nährzellen. Myrmeleon formicalynx, Ameisenjungfern. Fühler kurz, plattgedrückt, keulenförmig. Larve — Ameisenlöwe — mit kurzem, ovalem Hinterleib, dreizähnigen, an der Unterseite ausgehöhlten, zum Saugen eingerichteten Oberkiefern. Sie gräbt sich in lockerem Sande trichterförmige Höhlen, an deren Grunde sie sich selbst einwühlt, sodaß nur der Kopf mit den großen Oberkiefern freibleibt. Am Rand des Trichters vorbeipassierende kleine Insekten, Asseln, Spinnen, geraten leicht hinein und werden von der lauernden Larve mit den Kiefern gepackt und ausgesogen. Chrysopa perla, Florfliege. Fühler lang, fadenförmig. In Wäldern, als Imago überwinternd, häufig in Gartenhäusern und ähnlichen Räumen. Eier an langen, schnell erstarrenden Schleimfäden auf Blättern befestigt. Larve — Blattlauslöwe — ähnlich dem Ameisenlöwen, aber schlanker, auf Sträuchern von Blattläusen lebend.

10. Ordnung: **Panorpatae.** Kopf schnabelartig verlängert. Mundwerkzeuge kauend. Fühler lang, vielgliederig, borsten- oder fadenförmig. Flügel häutig, mit wenig zahlreichen Queradern. In der Ruhe über dem Hinterleib flach ausgebreitet. Manche Formen flügellos. Hinterleib mit 9 Segmenten. Raife beim Männchen gegliedert, beim Weibchen ungegliedert. 6 Malpighische Gefäße. Eiröhren mit wechselständigen, wenig zahlreichen Nährzellen. Metamorphose vollkommen. Larven-Raupen mit 8 Paar Bauchfüßen und zahlreichen Punktaugen. Puppe freigliederig. Raubtiere.

Fam. Panorpidae, Skorpionsfliegen. Geflügelt. Männchen mit starker, nach oben gerichteter Haltezange (umgebildete Raife). Weibchen mit Legeröhre. Panorpa communis, gemeine Skorpionsfliege. Boreidae, Flügel verkümmert. Hinterbeine zu Sprungbeinen entwickelt. Weibchen mit langer Legeröhre. Boreus hiemalis, Gletschergast. Imago im Winter auf Eis und Schnee, zuweilen auf Gletschern beobachtet.

11. Ordnung: **Trichoptera, Pelzflügler.** Mundwerkzeuge saugend. Fühler lang, borstenförmig, vielgliederig. Flügel groß, häutig, mit haarförmigen Schuppen besetzt, in der Ruhe dach-

förmig zusammengelegt. Hinterleib mit 10 Segmenten, Raife zuweilen erhalten. 6 Malpighische Gefäße. Eiröhren mit wechselständigen, wenig zahlreichen Nährzellen. Verwandlung vollkommen. Larven — Engerlinge — im Wasser lebend, mit büschelförmigen Tracheenkiemen am Hinterleib, spinnen sich Gehäuse (Säcke oder Köcher) aus verschiedenartigem Material (s. o. S. 96). Puppe freigliederig. Als Larven Pflanzenfresser, als Imago wahrscheinlich überhaupt ohne Nahrungsaufnahme, höchstens Aufsaugen von Feuchtigkeit mittels des Saugrohres. Flug nachts. Fam. Phryganidae, Köcherfliegen, und zahlreiche andere. Im Aussehen Schmetterlingen ähnlich. Phryganea grandis, größte deutsche Art. Helicopsyche Shutworthi mit spiralig gewundenen, schneckenhausähnlichem Larvenköcher.

12. Ordnung: **Lepidoptera, Schmetterlinge.** Mundteile saugend, Oberkiefer meist verkümmert. Fühler lang, vielgliederig, borsten-, kammförmig, gesägt, geknöpft. Flügel groß, häutig, beschuppt, bei den Weibchen zuweilen verkümmert oder fehlend. Abdomen mit 10 Segmenten. 1, 2 oder 6 Malpighische Gefäße. Eiröhren mit wechselständigen Nährzellen. Verwandlung vollkommen. Larve-Raupen mit 2 oder 5 Paar Afterfüßen und 6 Punktaugen jederseits. Mumienpuppe. Pflanzenfresser, als Raupen nagend an Blättern, im Holz usw., als Imago Honig aus Blüten saugend. Familien sehr zahlreich, folgende die wichtigsten.

Tineidae, Motten. Flügel schmal, zugespitzt, am Rande mit langen Fransen besetzt, in der Ruhe dachförmig. Fühler borstenförmig. Raupen entweder gesellig in Gespinsten oder im Innern von Stengeln, in Blättern minierend, dann zuweilen Füße verkümmert. Manche schädlich. Tinea granella, Kornmotte, Raupe (weißer Kornwurm) in Getreidespeichern, Körner benagend. T. pellionella, Kleidermotte, Raupe frißt an wollenen Stoffen und Pelzwerk.

Sesiidae, Glasflügler. Fühler schmal, sehr spärlich beschuppt, daher glashell durchsichtig. Imago Wespen und Bienen ähnlich. Raupen im Holz bohrend. Trochilium apiforme, Hornissenschwärmer u. a. Fühler beim Männchen gekämmt, beim Weibchen verkümmert.

Psychidae, Sackträger. Ohne Saugrüssel. Weibchen flügellos. Raupen spinnen sich Säcke, in welchen auch die Puppenruhe gehalten wird, und die Weibchen meist auch als Imago verharren. Gelegentliche Parthenogenese verbreitet. Zahlreiche Arten.

Tortricidae, Wickler. Fühler beim Männchen bewimpert, beim Weibchen borstenförmig. Vorderrand der Flügel an der Wurzel rasch ansteigend und einen Winkel bildend, „geschultert", Flügel daher viereckig, Vorder- und Innenrand parallel. Raupen in zusammengerollten Blättern oder in Früchten. Verpuppung ebenda. Manche schädlich. Tortrix viridana, Eichenwickler, mitunter Eichen kahl fressend.

Conchylis ambiguella, Traubenwickler, Raupe, Sauer- oder Springwurm, in Weinbeeren u. a.

Pyralidae, Zünsler. Fühler borstenförmig. Vorderflügel schmal, dreieckig. Hinterflügel breit, abgerundet.

Phycis abietella, Fichtenzünsler. Raupe in Fichtenzapfen. Forstschädling. Aglossa pinguinella, Fettschabe, Raupe in Vorratskammern von Schmalz, Butter, Speck lebend. Galleria melonella, Wachsmotte. Raupe in Bienenstöcken, die Waben benagend. Nymphula nymphaeata, Raupe im Wasser an Nymphaeen u. a.

Pterophoridae, Federmotten, Geistchen. Flügel der Länge nach in Zipfel zerspalten — entweder Vorderflügel in 2, Hinterflügel in 3, oder jeder Flügel in 6*).

Arctiidae, Bären. Mittelgroße bis große, buntgefärbte Nachtfalter mit gesägten Fühlern. Flügel in der Ruhe dachförmig zusammengelegt. Raupen mit langen, auf Warzen stehenden Haaren.

Geometridae, Spanner. Fühler borstenförmig, beim Männchen oft gekämmt. Flügel groß, breit, in der Ruhe flach ausgebreitet, beim Weibchen manchmal fehlend. Raupen mit 2, höchstens 3 Paar Afterfüßen, daher Spannergang. Puppe in der Erde oder in lockerem Gespinnst an der Nährpflanze. Viele Schädlinge. Bupalus piniaria, Kiefernspanner. Cheimatobia brumata, kleiner Frostspanner, Flugzeit im Spätherbst. Weibchen mit verkümmerten Flügeln.

Hibernia defoliaria, großer Frostspanner. Flugzeit wie beim vorigen. Weibchen flügellos. Und zahlreiche andere Arten.

Noctuidae, Eulen. Fühler borstenförmig, beim Männchen manchmal gekämmt. Flügel groß, meist düster gefärbt mit charakteristischer Zeichnung (Ring-, Zapfen- und Nierenmakel). In der

*) Die Raupen aller bisher besprochenen Familien haben Kranzfüße. Sie wurden, ausgenommen die Sesiidae und Psychidae, früher als Microlepidoptera, Kleinschmetterlinge, zusammengefaßt. Alle anderen Familien bildeten die alte Gruppe der Macrolepidoptera oder Großschmetterlinge.

Ruhe flach aufliegend oder dachförmig zusammengelegt. Raupen meist nackt, mit 3, 4 oder 5 Paaren von Afterfüßen. Verpuppung meist in der Erde. Flug meist nachts.

Panolis piniperda, Forleule, in Kieferwäldern, Agrotis segetum, Saateule, in Getreidefeldern schädlich. Catocala, Ordensbänder, mit lebhaft rot oder blau gefärbten, schwarz gebänderten Hinterflügeln und sehr zahlreiche andere.

Bombycidae, echte Spinner. Körper plump. Fühler in beiden Geschlechtern gekämmt. Saugrüssel verkümmert. Flügel mäßig groß, in der Ruhe flach ausgebreitet. Raupen nackt. Verpuppung in Kokons. Bombyx mori, echter Seidenspinner. Heimat China, seit Jahrhunderten in anderen Teilen Asiens und in Europa eingebürgert. Ursprüngliche Nährpflanze: Maulbeerbaum.

Saturniidae, Nachtpfauenaugen. Körper plump, wollig behaart. Fühler beim Männchen gekämmt, beim Weibchen gesägt. Saugrüssel fehlt. Flügel groß, oft mit Augen- oder mit Glasflecken. Raupen mit kurzen, auf Warzen stehenden Haaren. Verpuppung in Kokons. Nachtfalter.

Saturnia pavonia, kleines, S. pyri, Wiener Nachtpfauenauge. Auch hierher einige Seidenspinner, z. B. Antheraea Yamamai aus Japan, Platysamia cecropia in Nordamerika. Attacus atlas aus Ostindien und China mit 20 cm Flügelspannung, einer der größten Schmetterlinge.

Lasiocampidae, Glucken. Körper plump, Weibchen beträchtlich größer als die Männchen, dicht behaart. Fühler bei beiden Geschlechtern gekämmt, bei den Männchen besonders stark. Saugrüssel fehlt. Raupen dicht und weich behaart. Verpuppung in sehr festen Kokons. Nachtfalter. Dendrolimus pini, Kiefernspinner. Raupe sehr schädlich, in manchen Jahren massenhaft, dann ganze Bestände vernichtend. Lasiocampa quercifolia, Kupferglucke, Raupe auf Laubbäumen. Malacosoma neustria Ringelspinner, Eier in mehrreihigen Ringen an Zweigen von Obstbäumen angeklebt, Raupen in der Jugend gesellig in Raupennestern, in Gärten schädlich u. a.

Liparidae, Wollspinner. Körper plump, behaart. Saugrüssel verkümmert, Flügel breit, in der Ruhe flach ausgebreitet. Raupen mit behaarten Warzen oder mit einzelnen starken Haarbüscheln (Bürstenraupen). Nachtfalter. Orgyia antiqua, Bürstenbinder, Weibchen mit verkümmerten Flügeln. Psilura monacha, Nonne, Raupe an Kiefern, Fichten, seltener an Laubhölzern, fast so schädlich wie jene des Kiefernspinners, vor der ersten Häutung gesellig in sog. „Spiegeln" an Stämmen, später zerstreuen sie sich und wandern in die Kronen. Liparis dispar, Schwammspinner. Eier an Stämmen, vom Weibchen mit dem sog. Schwamm umhüllt, der aus einer schleimigen Masse und mit dieser verklebten „Wollhaaren" der Hinterleibsspitze besteht. Raupe schädlich, namentlich an Eichen, aber auch Obstbäumen u. a.

Notodontidae. Körper plump, stark behaart. Fühler beim Männchen gekämmt, beim Weibchen gezähnt. Saugrüssel verkümmert oder fehlend. Flügel in der Ruhe dachförmig zusammengelegt. Raupen nackt oder behaart. Verpuppung in Kokons. Nachtfalter. Dicranura, Gabelschwänze, Raupen nackt mit zwei vorstülpbaren Schwanzfäden. Thaumatopoea, Prozessionsspinner. Raupen mit Brennhaaren (s. S. 37), gesellig, wandern nachts von den Nestern zur Fraßstätte in „Prozessionen", d. h. im geordneten Zuge, eine voran, die anderen einzeln oder zu zweien und dreien hinter ihr her. Thaumatopoea processionea, Eichen-, T. pinivora, Kiefernprozessionsspinner.

Sphingidae, Schwärmer. Körper schlank, spindelförmig. Fühler kantig, fein gesägt. Rüssel sehr lang, Vorderflügel lang und schmal, Hinterflügel kurz. Ausgezeichnete Flieger. Flügel in der Ruhe flach ausgebreitet. Raupen nackt, mit Horn an der Hinterleibsspitze. Verpuppung in der Erde. Dämmerungsfalter, einige auch am Tage fliegend.

Acherontia atropos, Totenkopf, so genannt wegen der eigentümlichen Zeichnung auf dem Rücken, größte europäische Art. Raupe an Kartoffelpflanzen. Puppen sollen in Deutschland nicht ausschlüpfen. Bestand der Art also immer durch Zuzug aus dem Süden erhalten. Smerinthus ocellatus, Abendpfauenauge. Mit Augenflecken auf den Hinterflügeln.

Hesperidae, Spätlinge, Dickköpfe. Körper kurz gedrungen. Fühler keulenförmig mit gebogener Spitze. Flügel kurz, in der Ruhe aufrecht, etwas nach hinten getragen. Raupen nackt, zwischen zusammengesponnenen Blättern. Verpuppung in einem Gespinst. Tagfalter. Hesperia comma, Strichfalter u. a.

Rhopalocera, echte Tagfalter. Körper schlank, wenig behaart. Fühler geknöpft. Flügel groß, in der Ruhe steil aufrechtgetragen. Raupen bald nackt, bald behaart. Verpuppung oberirdisch, frei an Blättern, Stämmen u. dgl. Puppe meist durch Zacken und Spitzen ausgezeichnet.

Unterfamilien Papilionidae, Ritter. Große, meist lebhaft gefärbte Tagfalter. Hinterflügel am Innenrande ausgerandet, zuweilen geschwänzt. Raupen nackt mit ausstülpbarer Gabel hinter dem Kopf. Puppe aufrecht durch einen Faden befestigt. Papilio machaon, Schwalbenschwanz. Ornithoptera, größte Tagfalter, Malaiischer Archipel und Neu-Guinea.

Pieridae, Weißlinge. Meist weiß oder gelb gefärbte Falter, Raupen dünn und weich behaart. Puppen aufrecht durch einen Faden befestigt. Pieris brassicae, Kohlweißling. Aporia crataegi, Baumweißling, Raupe an Obstbäumen, in der Jugend gesellig. Gonopteryx rhamni, Zitronenfalter u. a.

Lycaenidae, Bläulinge. Kleine Falter.

Lycaena, Bläuling, Flügel oberseits leuchtend blau oder braun. Chrysophanus, Dukatenfalter, Flügel oberseits feuerrot glänzend oder braun, schwarz gefleckt.

Nymphalidae, mittelgroße bis sehr große Falter. Flügel breit, dreieckig. Vorderfüße zu Putzpfoten verkümmert. Puppen am Hinterende aufgehängt, mit dem Kopf nach unten, oft mit Gold- oder Silberflecken geziert. Zahlreiche Gattungen. Argynnis, Perlmutterfalter, mit perlmutter- oder silberglänzenden Flecken oder Streifen auf der Unterseite der Flügel.

Vanessa, Eckflügler, mit zackigen Flügelrändern, Raupen bedornt. V. antiopa, Trauermantel. V. urticae, kleiner, polychloros großer Fuchs. V. cardui, Distelfalter, fast über die ganze Erde verbreitet. Zuweilen in Massenflügen wandernd, dabei breite Meeresarme überschreitend. V. levana in einer Winter- und einer ganz anders gefärbten Sommergeneration (V. prorsa). Apatura, Schillerfalter. Die großen, weißbandierten Flügel beim Männchen mit schönem Blauschiller. Limenitis, Eisfalter, den vorigen ähnlich, aber ohne Schiller.

13. Ordnung: **Diptera, Zweiflügler.** Mundwerkzeuge saugend oder saugend und stechend. Fühler entweder lang, vielgliederig oder kurz, dreigliederig. Vorderflügel häutig mit spärlicher Aderung, in der Ruhe meist flach ausgebreitet oder dem Hinterleib flach aufliegend. Hinterflügel zu Schwingkölbchen umgebildet. Raife vorhanden oder fehlend. Hinterleib mit 5—10 Segmenten. 4—5 Malpighische Gefäße. Eiröhren mit wechselständigen Nährzellen. Verwandlung vollkommen. Larven — fußlose Maden. Puppe: Mumien- oder Tönnchenpuppe. Teils Raubtiere, teils Pflanzenfresser, teils Außenschmarotzer. Larven teils Land-, teils Wasserbewohner, teils Schmarotzer.

1. Unterordnung: **Orthorhapha.** Puppe: Mumienpuppe oder Tönnchenpuppe, die beim Ausschlüpfen der Imago in T-förmiger

Naht auf der Rückenseite aufspringt. Fühler teils viel, teils dreigliederig. Hinterleib in der Regel mit 10 deutlichen Segmenten.

a) Nematocera, Mücken. Fühler vielgliederig, Mumienpuppe. Familien zahlreich, folgende die wichtigsten.

Mycetophilidae, Pilzmücken. Ausgezeichnet durch verlängerte Hüften, Larven in Pilzen. Sciara militaris, Trauermücke. Larve, als „Heerwurm" bekannt, unternimmt zuweilen Massenwanderungen in langgestrecktem, schlangenförmigem Zuge.

Tipulidae, Bachmücken oder Kohlschnaken, die größten Mücken. Rüssel kurz, ohne Stestborsten. Beine sehr lang. Weibchen mit Legeröhre. Larven in der Erde, im Mulm, aber auch an zarten Pflanzenteilen. T. gigantea, 6 cm Flügelspannung, größter einheimischer Zweiflügler.

Culicidae, Stechmücken. Larven und Puppen in stehenden oder schwach fließenden Gewässern. Die Weibchen überwintern in Kellern und ähnlichen Räumen. Culex pipiens, gemeine Stechmücke, und zahlreiche verwandte Arten. Anopheles maculipennis und zahlreiche andere Arten, namentlich der Tropen und Subtropen, unter dem Namen Moskitos bekannt und gefürchtet. Überträger der Malaria (Sumpf-, Wechsel-, kaltes Fieber). Die Weibchen nehmen beim Saugen mit dem Blut Malariakranker den Erreger der Krankheit auf, der beim abermaligen Stechen der Mücke in das Blut Gesunder gelangt, so die Krankheit verbreitend.

Simulidae, Kriebelmücken. Simulia columbacschensis, Kolumbaczer Mücke. Sehr kleine Mücken (3, 4—5 mm). Europa, namentlich im Südosten. Überfällt scharenweise Viehherden.

Cecidomyidae, Gallmücke. Flügel bloß mit (3—5) Längsadern. Mundwerkzeuge verkümmert. Sehr kleine Mücken. Viele von ihnen erzeugen Gallen, teils echte mit Larvenkammern, teils unechte (Faltungen und Rollungen von Blättern, Mißbildungen an Blüten, Verkürzungen von Triebspitzen usw.). Die Larven überwintern meist in der Galle und verpuppen sich in den äußeren Schichten. Die Puppen bohren sich vor dem Ausschlüpfen heraus. Cecidomyia salicis, Weidenruten-Gallmücke, Larve im Mark junger Weidenruten, knotige Stengelgallen verursachend. C. fagi, Buchen-Gallmücke, echte Gallen auf Buchenblättern hervorrufend. C. abietiperda, Fichtentrieb-Gallmücke, die Maitriebe der Fichten schädigend. C. destructor, Hessenfliege. Larve an Weizen und Roggen schädlich. Manche Gallmücken legen ihre Eier an Gallen von anderen Gallmücken oder Wespen, in denen die Larven dann als sog. Einmieter oder Inquilinen leben, z. B. C. galliperda.

b) Brachycera. Fühler dreigliederig; letztes Glied groß, oft einen Griffel oder eine Borste tragend, zuweilen geringelt. Tönnchenpuppe.

Fam. Tabanidae, Bremsen. Fühlerendglied geringelt. Larven räuberisch in der Erde oder im Wasser. Tabanus bovinus, Rinderbremse. Haematopota pluvialis, Regen- oder Blindbremse u. a.

Asilidae, Raubfliegen. Fühlerendglied ungeringelt, mit Griffel. Augen stark vorgequollen. Räuberisch von anderen Insekten lebend. Larven in der Erde oder im Holz.

2. Unterordnung: Cyclorhapha. Puppe: stets Tönnchenpuppe, die beim Ausschlüpfen der Imago in ringförmiger Naht aufspringt, so daß ein Deckel abgelöst wird. Fühler stets dreigliederig mit end- oder rückenständiger Borste oder Griffel. Am Hinterleib häufig die letzten Segmente eingezogen.

Sehr zahlreiche Familien, von denen folgende die wichtigsten. Syrphidae, Schwebfliegen. Wespen oder Hummeln ähnliche Fliegen mit gelb gebändertem oder pelzig behaartem Hinterleib. Augen sehr groß, beim Männchen auf der Stirn zusammenstoßend. Imago auf Blüten, ausgezeichnete Flieger mit der Fähigkeit, sich an einer Stelle schwebend zu halten. Larven entweder im Schlamm, im Holz oder frei, dann oft räuberisch.

Syrphus pyrastri, in ganz Europa und einem großen Teil von Nordamerika. Larve lebt von Blattläusen. Eristalis tenax, Schlammfliege. Bienenähnlich. Larven im Schlamm mit langer, schwanzförmiger Atemröhre am Hinterende, Rattenschwanzmade.

Muscidae, echte Fliegen. Larven in verwesenden tierischen oder pflanzlichen Stoffen. Zahlreiche Gattungen. Musca domestica, Stubenfliege. Larve besonders in Pferde- und Hühnermist.

Calliphora vomitoria, Schmeißfliege. Brummer, mit glänzend blauem Hinterleib. Larven an Fleisch, altem Käse usw. Sarcophaga carnaria, Fleischfliege, lebendig gebärend, Larven im Dünger. Stomoxys calcitrans, Wadenstecher, mit lang vorstehendem Stechrüssel, in Viehställen, Tiere und Menschen empfindlich stechend. Glossina morsitans, Tsetsefliege in Afrika, ähnlich der vorigen, durch ihren Stich eine „Nagana“ genannte Rinderkrankheit übertragend. Andere Arten derselben Gattung sind höchst wahrscheinlich die Überträger der unter den Eingeborenen verschiedener Teile Afrikas hausenden, fast immer tödlich verlaufenden „Schlafkrankheit“ u. a. m.

Tachinidae, Raupenfliegen. Imago auf Blüten, Larven schmarotzend, namentlich in Schmetterlingsraupen, manche auch in Afterraupen von Blattwespen, einige in Käfern. Gewöhnlich wird auf ein Wirtstier nur je ein Ei gelegt. Manche Raupenfliegen sind lebendig gebärend und setzen junge Maden ab. In beiden Fällen bohren sich die Maden in die befallene Raupe ein. Tachina grossa, Echinomyia fera u. a.

Oestridae, Biesfliegen. Rüssel verkümmert. Legen ihre Eier auf Säugetieren ab. Larven ausgezeichnet durch Zähnchenbesatz an den Körperringen. Innenschmarotzer an Pferden, Rindern, Hirschen und anderen Säugetieren.

Hypoderma bovis an Rindern. Die Eier werden an die Haut gelegt; die Larven gelangen durch Ablecken in die Speiseröhre und bohren sich nach außen durch bis unter die Haut, dort die sog. Dasselbeulen erzeugend. Gastrophilus equi. Die Eier gelangen durch Ablecken in den Magen, wo die Larve sich in der Wand festsetzt, um vor der Verpuppung mit den Exkrementen ausgeleert zu werden. Oestrus ovis mit ähnlicher Lebensweise der Larve an Schafen usw.

Chloropidae, Grünaugen. Larve dem Getreide schädlich.

Chlorops taeniopus, die sog. „Gicht" bei Weizen und Gerste verursachend. Oscinis frit, Fritfliege, ähnliche Schädigungen an Gerste und Hafer bewirkend.

Pupipara, Lausfliegen. Flügel zuweilen rudimentär oder fehlend, ebenso die Augen. Beine mit Klammerhaken. Lebendig gebärend, erst kurz vor der Verpuppung der Larve. Schmarotzend auf der Haut von Säugetieren und Vögeln.

Hippobosca equina, Pferdelausfliege, behält zeitlebens ihre Flügel. Lipoptena cervi, Hirschfliege, auf Hirschen und Rehwild, wirft nach der Begattung die Flügel ab. Melophagus ovinus, Schaflaus, ungeflügelt. Nycteribia latreillei auf Fledermäusen, augen- und flügellos. Ebenso Braula coeca, Bienenlaus, auf Bienen, namentlich Drohnen.

14. Ordnung: **Suctoria, Flöhe.** Mundwerkzeuge stechend und saugend. Facettenaugen fehlen. Stirnaugen (2) an die Seite gerückt. Fühler 12gliederig, keulenförmig. Flügel fehlen. Hinterbeine meist als Sprungbeine entwickelt. Hinterleib mit 9 deutlichen Segmenten und eingliederigen Raifen. 4 Malpighische Gefäße. Eiröhren ohne Nährzellen. Verwandlung vollkommen. Larve: Made. Puppe freigliederig. Imago schmarotzend auf Säugetieren und Vögeln, Blut saugend. Larve frei lebend, nährt sich von Abfällen, spinnt zur Verpuppung ein Kokon.

Fam. Pulicidae. Pulex irritaus, Menschenfloh. Larve in Sägespänen und zwischen Dielen.

Ceratopsyllus canis, Hundefloh, ausgezeichnet durch starke Borsten an Kopf und Vorderbrust. C. gallinae auf Hühnern und Tauben. Sarcopsyllus penetrans, Sandfloh. In Südamerika. Frei im Sande lebend. Die befruchteten Weibchen bohren sich zur Eiablage in die Haut zwischen den Zehen einiger Säugetiere, auch des Menschen. Die ausschlüpfenden Larven verursachen daselbst bösartige Geschwüre.

15. Ordnung: **Hymenoptera, Hautflügler.** Mundwerkzeuge kauend oder leckend. Fühler meist vielgliederig, borstenförmig, geknöpft, gekämmt, gekniet usw. Flügel gleichartig, häutig mit wenig Adern. In der Ruhe flach ausgebreitet oder dem Hinterleib aufliegend. Häufig verkümmert oder fehlend. Hinterleib mit 10 Segmenten, zuweilen mit eingliederigen Raifen; das 1. Segment (Mittelsegment) immer mit der Hinterbrust verwachsen. Zahlreiche, wenigstens 6 Malpighische Gefäße. Eiröhren mit wechselständigen Nährzellen. Verwandlung vollkommen. Larven: Afterraupen, Engerlinge oder Maden, Puppe freigliederig. Lebensweise sehr mannigfaltig. Stets reine Landtiere. Teils Fleisch-, teils Pflanzenfresser, viele staatenbildend. Larven von einigen schmarotzend.

1. Unterordnung: **Terebrantia,** Legeimmen. Mundwerkzeuge kauend. Schenkelring doppelt. Weibchen mit freihervorstehendem Legebohrer.

Fam. Tenthredinidae, Blattwespen. Abdomen sitzend, d. h. 2. Segment vom 1. nicht stielartig abgeschnürt. Legebohrer kurz. Larve: Afterraupe mit 6—11 Paar Bauchfüßen oder nur mit Nachschiebern, auf Blättern lebend. Verpuppung in einem Kokon. Bei manchen gelegentliche Parthenogenesis sehr verbreitet. Zahlreiche Gattungen Cimbex, Knopfhornwespe, mit geknöpften Fühlern.

Lophyrus, Kammhorn-Blattwespen. Männchen mit gekämmten, Weibchen mit gesägten Fühlern. L. pini, Kiefernblattwespe. Larve auf Kiefern schädlich. Lyda, Kotsack-Blattwespen, Larven gesellig in Gespinsten. L. campestris, Larve auf Kiefern schädlich.

Uroceridae, Holzwespen. Hinterleib sitzend. Legebohrer lang. Larve: Engerling, im Holz lebend. Verpuppung in durch abgenagte Holzspäne verstärkten Kokons. Sirex gigas, Riesenholzwespe, bis 30 mm lang. Larve in Fichten. Cephus pygmaeus, Getreidehalmwespe. Larve in Roggen und Weizenhalmen.

Cynipidae, Gallwespen. Flügelgeäder stark reduziert. Hinterleib gestielt (d. h. 2. Segment vom 1. stielartig abgeschnürt), kurz, seitlich komprimiert. Legebohrer kurz, nach oben gekrümmt. Bei manchen gelegentliche Parthenogenesis, bei anderen Männchen zuweilen, wie es scheint, ganz fehlend, bei noch anderen regelmäßige Heterogonie, weibliche und zweigeschlechtliche Generation im Aussehen oft stark verschieden. Ablage der Eier in oder auf den verschiedensten Pflanzenteilen, mit Bildung von echten Gallen mit einer oder mehreren Larvenkammern. Larve: Made. Verpuppung in der Galle. Erst die Imago frißt sich heraus. Auch unter den Gallwespen gibt es Einmieter und Schmarotzer wie unter den Gallmücken. Zahlreiche Gattungen und Arten.

Cynips folii, Eichengallwespe. Die befruchteten Weibchen legen ihre Eier in die Unterseite von Eichenblättern und erzeugen große, einkammerige gelbe oder rotbackige Gallen (Galläpfel). Aus ihnen gehen im Herbst nur Weibchen hervor. Sie legen, natürlich unbegattet, ihre Eier in die Präventivknospen (sog. schlafende Augen). Hier entsteht eine kleine, zylindrische, behaarte Galle. Aus dieser schlüpft im Mai eine zweigeschlechtliche Generation aus, deren Weibchen dann wieder die Blätter anstechen. C. tinctoria, in Kleinasien, Griechenland, Spanien, erzeugt an Eichen Gallen von sehr hohem Gerbstoffgehalt (66%), die zur Tintenfabrikation benutzt werden (Aleppogallen).

Rhodites rosae, Rosengallwespe. Erzeugt an den Zweigen der wilden, seltener der Gartenrosen, stark behaarte Gallen, die früher unter den Namen „Schlafäpfel, Bedeguar" als Heilmittel Verwendung fanden.

Entomophaga, Schlupfwespen. Abdomen meist deutlich, oft sehr lang gestielt. Legeröhre lang, stachelartig vorragend oder kurz, versteckt. Die Larven schmarotzen fast ausnahmslos, einzeln oder in größerer Zahl in Eiern, Larven oder Puppen anderer Insekten (Schmetterlinge, Käfer, Fliegen, Holzwespen, Blatt- und Schildläuse, selbst anderer Schlupfwespen). Manche nützlich durch Vertilgen von schädlichen Insekten.

Ichneumon pisorius, Larve in der Raupe des Kiefernschwärmers. Rhyssa persuasoria in den Larven von Holzwespen u. a.

Proctotrypidae, sehr kleine Schlupfwespen, Larven in Eiern und Raupen von Schmetterlingen. Vermehrung durch Germinogonie beobachtet.

Chalcidiidae, ebenfalls sehr kleine Formen. Unter ihnen einige Pflanzenfresser, z. B. Blastophaga psenes, Feigengallwespe.

Sie erzeugt Gallen in den männlichen Blüten des wilden Feigenbaumes. Die flügellosen Männchen (s. o. S. 29) bleiben zeitlebens in den Gallen. Die Weibchen verlassen sie nach der Befruchtung und besuchen zur Eiablage neben den Blüten des wilden auch die stets nur weiblichen des edlen Feigenbaumes. In den Blüten des letzteren scheinen die Larven regelmäßig zugrunde zu gehen. Doch ruft der Stich des eierlegenden Weibchens eine Wucherung des Blütenbodens hervor, durch welche die spätere Frucht saftiger und zuckerreicher wird. In vielen Gegenden des Orientes wird deshalb schon seit dem Altertum der Brauch geübt, blütentragende Zweige der wilden oder Bockfeige (Caprificus der Römer) in die Krone des edlen Feigenbaumes zu hängen, damit die Wespenweibchen leichter auf dessen Blüten gelangen (Kaprifikation der Feigen).

Chrysididae, Goldwespen, hartschalige, lebhaft (rot, blau, grün) gefärbte, metallisch glänzende, kleine Wespen mit einrollbarem Abdomen. Legen ihre Eier in die Nester einzellebender Bienen und Wespen, von deren eingetragener Nahrung die Larven sich nähren.

2. Unterordnung: Aculeata, Stechimmen. Weibchen mit Giftstachel, Schenkelring einfach. Larven: Maden.

Fam. Sphegidae, Grabwespen. Imago von Pollen und Honig, die Larven von Insekten und Spinnen lebend (s. o. S. 87). Pompilida, Wegwespen, Crabronidae, Siebwespen, und einige andere Familien von ähnlicher Lebensweise.

Fam. Formicidae, Ameisen. Mundwerkzeuge kauend. Gebrochene, 10—13 gliederige Fühler. Hinterleibssegment 1, oder 1 und 2 durch Schuppen oder Knoten geziert. Verpuppung der Maden in gesponnenen Kokons (fälschlich Ameiseneier genannt). Gesellig lebend in „Staaten" mit mindestens 3 „Kasten": geflügelte Männchen und Weibchen und ungeflügelte Arbeiter (verkümmerte Weibchen, s. S. 89), letztere zuweilen in Unterkasten zerfallend: echte Arbeiter, Soldaten mit großem Kopf und starken, säbelförmigen Oberkiefern, Honigträger, deren mit Honig angefüllter Kropf das Abdomen enorm anschwellen macht usw. Die Nester teilt man ein in: a) Einfache, d. h. von den Ameisen in der Erde, im Holz oder Mark von Bäumen gegrabene Hohlräume mit durch Gänge verbundenen Kammern. b) Kombinierte Nester, d. h. einfache Erdnester mit oberirdischen Bauten aus trockenen Pflanzenteilen, sog. Ameisenhaufen. c) Kartonnester, d. h. entweder in hohlen Bäumen oder frei an Ästen, Zweigen oder Blättern angebrachte Nester, verfertigt aus einem von den Ameisen aus feinem Holzmehl und einem von den Oberkieferdrüsen gelieferten „Leim" hergestellten Karton. d) Gesponnene Nester der sog. Weberameisen (**Oecophylla**) aus mittels Seidenfäden zusammengesponnenen Blättern. Zum Spinnen bedienen die Arbeiter sich der mit enormen Spinndrüsen ausgestatteten Larven, die sie mit den Mandibeln fassen und dann mit ihrem Vorderende von einem Rande des Blattes zum anderen fahren. Wo der Mund der Larve das Blatt berührt, erscheint ein Gespinstfaden, der an dem Blatte festklebt. e) Nester in schon vorhandenen Höhlungen, besonders von Pflanzen, die z. T. durch die auf ihnen hausenden Ameisen gegen schädliche Tiere geschützt werden. — Die Gründung neuer Staaten geht immer von befruchteten Weibchen aus. Nach der stets in der Luft stattfindenden Begattung (Hochzeitsflug) sterben die Männchen, die Weibchen werfen ihre Flügel ab und legen einzeln, oder seltener zu 2, 3 und mehr vereint, die erste Kammer des neuen Nestes an, in das sie darauf eine Anzahl Eier ablegen. Die aus diesen geschlüpften Arbeiter helfen den Müttern oder Königinnen beim Nestbau und übernehmen, indem ihre Zahl sich vermehrt, diesen, sowie die Sorge für die Brut und alle anderen Verrichtungen allein, während die Königinnen sich fortan auf das Eierlegen beschränken, worin sie jedoch auch von den Arbeitern unterstützt werden; die nach einiger Zeit, in unseren Breiten im Sommer ausschlüpfenden geflügelten Männchen und Weibchen verlassen das Nest und sorgen in der oben geschilderten Weise für die Gründung neuer Staaten und damit für die Ausbreitung der Art. Die Größe der Ameisenstaaten beträgt je nach der Art von bloß 50—100 Insassen bis zu mehreren 100 000, oder in den Fällen, wo Zweigniederlassungen mit dem Mutterstaat in Verbindung bleiben, Millionen. Die sowohl aus tierischen als pflanzlichen Stoffen bestehende Nahrung der Ameisen zeigt manche Besonderheiten. Ganz allgemein ist das Füttern nicht nur der Larven, sondern auch der Weibchen und der zu bestimmten Verrichtungen im Nest verbleibenden Arbeiter. Manche tropische und subtropische Arten tragen Vorräte von Getreidekörnern für die ungünstige Jahreszeit ein, andere nähren sich von Pilzen, die in ihren Nestern auf eigens hierfür eingetragenen verwesenden Blattstücken wachsen (sog. Pilzgärten). An Viehzucht erinnern die Beziehungen der Ameisen zu Blatt- und Schildläusen, von deren flüssigen, zuckerhaltigen Exkrementen sie sich nähren, wofür sie sie gegen ihre Feinde schützen. Durch Abhalten schädlicher Insekten können die Ameisen in Forst und Garten nützlich, durch Anlage ihrer Nester im Holz von Bäumen aber auch schädlich werden. In den Ameisennestern leben zahlreiche andere Insektenarten, deren

Bedeutung für die Wirte sehr verschieden ist: a) feindlich verfolgte Einmieter (namentlich kleine Staphylinidae oder Raubkäfer), welche als Raubtiere von den Ameisen oder ihrer Brut leben; b) indifferent geduldete Einmieter (Collembola und verschiedene Käfer), die, für die Ameisen unerwischbar oder unangreifbar, von den Nahrungsabfällen, den eingetragenen Vorräten oder den Leichen der Wirte leben; c) echte Gäste (meist Käfer), die von den Ameisen gefüttert, gepflegt, in manchen Fällen auch aufgezogen werden und ihnen dafür aus besonderen Poren ausgeschwitzte Stoffe liefern, die auf die Ameisen einen angenehmen, narkotischen Reiz ausüben. Da die Gäste zum Teil die Brut der Wirte fressen oder ihnen wenigstens die Nahrung schmälern, hat man ihre Anwesenheit eine „soziale Krankheit" des Ameisenstaates genannt. Sind die Einmieter andere Ameisen, so spricht man von a) zusammengesetzten oder b) gemischten Nestern. In ersteren kann man unter den Gästen unterscheiden Diebsameisen, die in den Nestern der Wirte kleine Nester mit so engen Gängen anlegen, daß die stets einer größeren Art angehörenden Wirte in diese nicht eindringen können, und sich von deren Brut nähren, und Gastameisen, die von den Wirten geduldet oder sogar gefüttert werden. In den gemischten Nestern oder Staaten sind 2 Arten zu einer gemeinsamen Haushaltung verschmolzen, zu der in seiner höchsten Ausbildung eine, die Sklavenart, die Arbeiter, die andere, die Herrenart, Weibchen, Männchen und Soldaten stellt, welch letztere aus benachbarten Nestern der anderen Art Arbeiterpuppen rauben und von den bereits vorhandenen Sklaven aufziehen lassen; die „Herrenart" kann dabei so weit degenerieren, daß ihre eigne Arbeiterkaste ganz verloren geht und die anderen Kasten unfähig werden, sich selbständig zu ernähren, also ganz auf die Hilfe der Sklaven angewiesen sind.

Wichtigste deutsche Arten: Anergates atratulus, sklavenhaltend, daher ohne Arbeiterinnen; Solenopsis fugax, Diebsameise; Myrmica rubida, empfindlich stechende Erdameise; Camponotus herculaneus, größte deutsche Art, in Bäumen oder unter Steinen nistend. Lasius fuliginosus, schwarz, stark glänzend, baut Kartonnester in hohlen Bäumen. Formica rufa, gelbrote Waldameise, baut sehr große kegelförmige Haufen. F. sanguinea, blutrote Raubameise, hält in ihren meist sehr hohen Haufen F. fusca als Sklaven.

Vespidae, echte oder Faltenwespen. Mundwerkzeuge kauend; Fühler gekniet, beim Männchen mit 13, beim Weibchen mit 12 Gliedern; Flügel der Länge nach faltbar. Eumenes, einzellebend; die Weibchen bauen an Mauern oder in Bäumen Nester aus speichelbefeuchtetem Lehm, die mit je einem Ei und einer Anzahl betäubter oder toter Insektenlarven oder Spinnen belegt werden. Vespa, gesellig lebend; die Weibchen bauen aus zerkauten, durch Speichel zu „Papier" zusammengeklebten Pflanzenstoffen große zusammengesetzte Nester mit Waben und sechseckigen Zellen, die von einem gemeinsamen, blätterigen Außenbau umhüllt werden. Jedes Nest wird im Frühling von einem befruchteten und überwinterten Weibchen, der Königin, gegründet. Aus den ersten Eiern entstehen kleine, aber sonst vollkommene Weibchen (fälschlich Arbeiter genannt), die der Königin beim Nestbau und dem Einbringen der aus zerkauten Insekten und Spinnen bestehenden Nahrung für die junge Brut helfen, welche bei der immer reichlicher werdenden Ernährung immer größer wird und schließlich der Königin gleicht. Von der Mitte des Sommers an erscheinen auch Männchen, entstanden aus von den Arbeitern gelegten, natürlich unbefruchteten Eiern. Nach dem im Herbst stattfindenden Hochzeitsflug sterben alle Nestinsassen ab, bis auf die jungen befruchteten Königinnen, die im nächsten Frühling neue Nester gründen. V. crabro, Hornisse, größte einheimische Art, deren sehr schmerzhafter Stich bei gemeinsamem Angriff zahlreicher Tiere auch dem Menschen gefährlich werden kann.

Polistes. Lebensweise ähnlich wie V., Nester aber ohne Außenbau, aus einer winzigen gestielten Wabe bestehend.

Apidae, Blumenwespen oder Bienen. Mundwerkzeuge kauend und leckend. Larven von Pollen (Blütenstaub) und Honig lebend. Die Weibchen haben daher stark behaarte Sammelapparate am Bauch, Schenkel oder Schiene. Teils einzellebend, teils gesellig. Andrena, Erdbiene, einzellebende Schenkelsammler, bauen röhrenförmige Nester in lockerem Erdreich. Chalicodoma, Mörtelbiene, einzellebend, Bauchsammler, Nester aus mit Speichel vermischter Erde an Mauern und Felsen, oft in größerer Zahl beieinander. Megachile, Blattschneiderbiene, Bauchsammler, röhrenförmige Nester in der Erde oder im morschen Holz, aus hintereinander liegenden Zellen bestehend, jede mit einem runden Deckel aus abgeschnittenen Blättern. Gesellig lebend: Bombus, Hummel, Schiensammler mit Körbchen, Hinterleib plump, stark pelzig behaart. Einfache Nester in der Erde unter Moos mit wenig (50—100) Insassen; keine Waben, sondern nur teigartige große Pollenklumpen, in die die Eier abgelegt werden. Geschlechts- und Fortpflanzungsverhältnisse wie bei Faltenwespen. Apis, echte Honigbiene. Schienensammler mit Körbchen und Bürste. Große, mehrjährige Nester mit aus sechseckigen Zellen bestehenden, senkrecht gestellten Waben in hohlen Bäumen oder Felshöhlen. In jedem Nest oder „Stock" nur eine befruchtete Königin (oder Weisel) ohne Sammelapparate und zahlreiche (bis 150000) kleinere begattungsunfähige Arbeitern, die allein Nestbau, Einbringen der Nahrung und Aufzucht der Brut besorgen. Die Männchen oder Drohnen entstehen im Sommer aus in besondere Zellen, Drohnenwiegen, gelegten unbefruchteten Eiern der Königin. Von den aus befruchteten Eiern hervorgehenden Larven werden einige in großen, unregelmäßigen Zellen, den Weiselwiegen, durch besonders gutes Futter zu Königinnen erzogen, die, herangewachsen, den Hochzeitsflug unternehmen, bei dem die begattende Drohne stirbt. Vor Beginn des Winters stirbt die Mehrzahl der Männchen, die übrigbleibenden werden als unnütz gewordene Fresser von den Arbeitern getötet („Drohnenschlacht"). Die Gründung neuer Stöcke geschieht durch das „Schwärmen", indem entweder die alte oder eine der jungen Königinnen mit einer größeren Zahl Arbeiter auswandert und eine passende Stelle für das neue Nest aufsucht. Auch Arbeiter können, natürlich nur unbefruchtete, Eier legen, aus denen die sog. falschen Drohnen hervorgehen. Mehrere Arten werden als Haustiere gehalten, in Deutschland hauptsächlich A. mellifica. Melipona, stachellose Honigbienen der Tropen mit ähnlicher Lebensweise. Nomada, Schmarotzerbiene, in den Nestern von Andrena. Psithyrus, Schmarotzerhummel, in den Nestern von Bombus, im Aussehen dieser sehr ähnlich.

16. Ordnung: **Coleoptera, Käfer.** Mundwerkzeuge beißend. Vorderflügel harte, hornige Flügeldecken. 4—6 Malpighische Gefäße. Eiröhren mit Nährzellen. Verwandlung vollkommen; Hinterleib aus 9 Segmenten; Larvenform: campodeid, Engerlinge, Maden. Puppe freigliederig. Lebensweise sehr mannigfaltig.

1. Unterordnung: **Adephaga.** 4 Malpighische Gefäße, Eiröhren mit wechselständigen Nährkammern. Larve campodeid mit 2gliederigen Füßen.

Fam. Carabidae, Laufkäfer, mit fadenförmigen Fühlern und Laufbeinen. Meist unter Steinen, an und im Boden lebende, daher oft flügellose Raubtiere, Larven in unterirdischen Gängen. Procrustes coriaceus, Lederlaufkäfer, größte deutsche Art. Calosoma sycophanta, Puppenräuber, an Bäumen lebend, nützlich durch Vertilgen forstschädlicher Raupen, z. B. der Nonne und des Kiefernspinners u. a.

Dytiscidae, Schwimmkäfer, mit Schwimmbeinen, in Teichen und Seen lebend, die größeren der Fischbrut gefährlich. Larven mit durchbohrten, als Saugzange wirkenden Mandibeln. Dytiscus marginalis, Gelbrand.

2. Unterordnung: **Polyphaga.** 4—6 Malpighische Gefäße, Eiröhren mit endständiger Nährkammer. Larven campodeid, mit eingliederigen Füßen, Engerlinge oder Maden.

Fam. Staphylinidae, Raubkäfer, mit verkürzten Flügeldecken, von faulenden Stoffen, die campodeiden Larven auch von lebenden Tieren lebend. Viele in Ameisenhaufen als Gäste oder Schmarotzer.

Silphidae, Aaskäfer, mit keulenförmigen Fühlern, gleich den campodeiden Larven in und an Tierleichen lebend. Necrophorus vespillo, Totengräber, mit etwas verkürzten Flügeldecken, bekannt durch das Vergraben der mit seinen Eiern belegten Tierleichen.

Cantharidae, Weichkäfer, mit weichen, lederartigen Flügeldecken und campodeiden räuberischen Larven. Hierher die Leuchtkäfer. Lampyris (s. o. S. 76).

Elateridae, Schnellkäfer. An der Vorderbrust ein Stachel, der in eine Grube der Mittelbrust paßt; beide, vereint mit der sehr freien Gelenkverbindung der beiden Brustringe, ermöglichen dem Käfer aus der Rückenlage emporzuschnellen und sich wieder auf die Füße zu stellen. Larven: Engerlinge, als „Drahtwürmer" bekannt, an den Wurzeln verschiedener Pflanzen lebend. Agriotes segetum Saatschnellkäfer, Getreideschädling. Pyrophorus noctilucus, Cucujo, mit Leuchtorganen auf Vorderbrust und Hinterleib, in Kuba.

Anobiidae, Nagekäfer. Kopf von der Vorderbrust bedeckt. Gleich der Larve (Engerling) in altem Holz (Balken, Möbel) lebend.

Anobium pertinax, Totenuhr. Die Männchen erzeugen durch Hämmern mit dem Kopf im Holz ein zum Anlocken der Weibchen dienendes tickendes Geräusch.

Hydrophilidae, Wasserkäfer, mit keulenförmigen Fühlern und sehr langen Kiefertastern, in Wasser lebend (aber nicht so geschickte Schwimmer wie die Schwimmkäfer). Pflanzenfresser. Campodeide Larve räuberisch. Hydrophilus piceus, pechschwarzer Wasserkäfer, größte deutsche Art.

Coccinellidae, Marienkäfer, mit halbkugeligem Körper und nach unten einschlagbaren Fühlern, Larve: Engerling, gleich der Imago auf Pflanzen von Blattläusen lebend, daher nützlich. Coccinella septempunctata, siebenpunktiger Marienkäfer und viele andere.

Meloidae, Pflasterkäfer. Flügeldecken biegsam, den Körper oft nicht ganz bedeckend. Entwicklung s. o. S. 101. Meloe proscarabaeus, Maiwurm. Lytta vesicatoria, spanische Fliege, auf Eschen oft in großer Masse auftretend und dann schädlich; enthält einen giftigen, heftig reizenden Stoff, das Kantharidin (nach Cantharis, einem älteren Namen des Käfers, benannt), der zu blasenziehenden Zugpflastern verwandt wird.

Tenebrionidae, Düsterkäfer, meist dunkel gefärbte Käfer mit verkümmerten Hinterflügeln und verwachsenen Flügeldecken; Larve: Engerling. Tenebrio molitor, Mehlkäfer; Larve, als Mehlwurm bekannt, beliebtes Vogelfutter.

Cerambycidae, Bockkäfer, mit sehr langen borsten-, fadenförmigen oder gesägten Fühlern und senkrecht gestelltem Kopf. Die meisten erzeugen durch Reiben der Vorderbrust an der mit Querrillen versehenen Mittelbrust ein zirpendes Geräusch. Larven, im Holz bohrende, oft sehr schädliche Maden mit rauhen Haftscheiben auf dem 2. Brust- bis zum 7. Hinterleibssegment. Cerambyx heros, großer Eichenbock; Callidium luridum, zerstörender Fichtenbock, den Nadelhölzern schädlich; Saperda populnea, Eichenbock, die Larve an Pappeln und Eichen durch ihren Fraß knotige Gallen hervorrufend.

Chrysomelidae, Blattkäfer. Ovale bis rundliche Tiere mit kurzen fadenförmigen Fühlern auf Blättern lebend, in welche die Imago rundliche Löcher frißt, während der Engerling sie skelettiert, d. h. nur die Blattrippen nachläßt. Die Puppe wird mit dem Hinterende, ähnlich wie Tagfalterpuppen, an Blättern aufgehängt. Chrysomela vitullinae, sehr schädlich an Korbweiden.

Haltica aenea, Eichen-Erdfloh, mit Springbeinen, an Eichen; Leptinotarsa decemlineata, Kartoffel- oder Koloradokäfer, aus Nordamerika eingeschleppt, den Kartoffelfeldern schädlich.

Curculionidae, Rüsselkäfer. Vorderkopf zu einem oft sehr langen, die Mundwerkzeuge und die geknieten Fühler tragenden Rüssel verlängert. Imago und Made reine Pflanzenfresser, letztere meist im Innern der Nährpflanze.

Scolytidae (Bostrychidae), Borkenkäfer. Kleiner, walziger Körper mit vorn abgestutztem Kopf, gebrochenen, am Ende geknöpften Fühlern und stark rückgebildetem Rüssel. Fußlose Larven, sehr ähnlich denen der Rüsselkäfer. Leben im Innern von Bäumen, die sie nur zum Aufsuchen neuer Brutorte verlassen. Begattung entweder schon vor dem Ausschwärmen an der Geburtsstätte (dann Männchen oft flugunfähig) oder nach dem Schwärmen an der neuen Brutstätte. Eiablage immer in selbstgegrabenen Gängen, entweder in der Rinde oder im Holz. Die Larven graben dann von den Muttergängen abgehende, bald gerade, bald gewundene Seitengänge, die zusammen mit jenen sehr charakteristische Figuren bilden. Die jungen Käfer verlassen bei einigen Arten sofort die Brutstätte, entweder durch besondere selbstgegrabene Fluglöcher oder durch das Einbohrloch der Mutter — oder aber sie graben von der am Ende des Larvenganges gelegenen „Puppenwiege" aus unregelmäßige Gänge, in denen sie bis zur Erlangung der Geschlechtsreife leben. Sowohl Larven wie Käfer ernähren sich hauptsächlich von den Säften der befallenen Bäume und sind daher sehr schädlich. Manche Arten haben nur eine, manche wahrscheinlich zwei Generationen in einem Sommer. Scolytus, Flügeldecken nach der Spitze fast geradlinig verlaufend, Hinterleib vom 2. Segment an steil nach oben ansteigend, in Laubhölzern. Hylesinus, Flügeldecken an der Spitze steil nach abwärts gebogen, Hinterleib ganz allmählich nach oben aufsteigend, in Laub- und Nadelhölzern. Tomicus, Flügeldecken steil abfallend, am Rande mit tiefen, gewöhnlich Zähne tragenden Eindrücken, in Laub- und Nadelholz. T. typographus, Buchdrucker.

Lamellicornia, Blatthornkäfer. Fühler gekniet, mit geblätterter Endkeule. Larven: Engerlinge. Verpuppung unterirdisch in Kokon. Nahrung entweder pflanzlich oder tierisch (Kot, Aas). Lucanus cervus, Hirschkäfer, Männchen mit verlängerten, geweihförmigen Mandibeln. Geotrupes stercorarius, Roß- oder Mistkäfer. Ateuchus sacer, heiliger Pillenkäfer, Skarabäus der alten Ägypter. Melolontha vulgaris, Maikäfer, Larven schädlich durch Zerstörung von Wurzeln. Cetonia aurata, Rosen- oder Goldkäfer. Oryctes nasicornis, Nashornkäfer, Männchen mit großem nach hinten gekrümmten Horn auf dem Kopf, in Gerberlohe. Dynastes hercules, in Mittel- und Südamerika, Männchen mit langen, vorwärts gerichteten Hörnern an Kopf und Thorax, größter bakannter Käfer u. a.

17. Ordnung: **Hemiptera (Rhynchota).** Halbflügler oder Schnabelkerfe. Mundwerkzeuge stechend und saugend. Meist 4 Malpighische Gefäße. Eiröhren mit endständiger Nährkammer. Verwandlung fast immer unvollkommen. Schon die jüngsten Larven haben ebensolche Mundwerkzeuge wie die Imago. Nahrung: pflanzliche, seltener tierische Säfte. Viele verbreiten einen scharfen, widerlichen „Wanzengeruch".

1. Unterordnung: **Heteroptera,** Wanzen. Vorderflügel Halbdecken mit Leder und Membran. Fam. Geocoridae, Landwanzen, mit vorgestreckten 4—5 gliederigen Fühlern und langem Schnabel. Meist von tierischer Nahrung lebend, manche durch Vertilgen von Raupen nützlich. Pentatoma, Baumwanze. Pyrrhocoris apterus, Feuerwanze, Soldat, gesellig am Fuß von Linden oder Eschen. Cimex lectularia, Bettwanze, flügellos, mit flachem Körper, blutsaugend. Reduvius personatus, Kotwanze. Hydrometra stagnorum, Wasserläufer, mit verlängerten Mittel- und Hinterbeinen, ohne Hinterflügel, auf der Oberfläche von Tümpeln und Teichen laufend, von anderen Insekten lebend. Halobates sericeus, ähnlich, aber auch Vorderflügel fehlend, auf der Oberfläche tropischer Meere.

Hydrocoridae, Wasserwanzen, mit kurzen, 3—4 gliederigen Fühlern und kurzem Schnabel. Im Wasser sich von tierischen Stoffen nährend, manche empfindlich stechend. Nepa cinerea, Wasserskorpion mit Raubbeinen (s. S. 24). Belostoma grande, in Surinam bis 10,5 cm groß. Notonecta glauca, Rückenschwimmer mit Schwimmbeinen, auf dem Rücken schwimmend.

2. Unterordnung: **Homoptera,** Zikaden oder Zirpen. Flügel gleichartig, höchstens vordere etwas derber, in der Ruhe dachförmig dem Abdomen aufliegend, Fühler lang, borstenförmig. Viele mit Sprungbeinen. Imago von den Säften junger Triebe, Larven in der Erde von Wurzelsäften lebend. Cicadidae, Singzikaden. Männchen mit Schrillorgan am 1. Hinterleibsring. Cicada plebeja, Südeuropa, Tibicen septemdecim, Nordamerika, angeblich mit 17 jähriger Entwicklungsdauer. Fulgoridae, Leuchtzirpen, so genannt nach Fulgora laternaria, Laternenträger, aus Surinam mit laternenförmigem, fälschlich als Leuchtorgan aufgefaßtem Kopffortsatz. Flata limbata, China, Wachszikade, scheidet aus Drüsen des Hinterleibes reichlich „chinesisches Wachs" ab. Aphrophora spumaria, Schaumzirpe. Larven eingehüllt in einen teils aus dem After kommenden, teils von besonderen Drüsen abgeschiedenem Schaum (Kuckucksspeichel) u. a.

3. Unterordnung: **Phytophthires,** Pflanzenläuse. Schnabel mit der Vorderbrust verwachsen. Flügel zarthäutig, können bei den Weibchen oder in beiden Geschlechtern fehlen. Fortpflanzung mit Parthenogenesis, Pädogenesis und Heterogonie. Vielfach larvengebärende Formen. Leben von Pflanzensäften, viele sehr schädlich.

Fam. Aleurodidae, Mottenblattläuse. Beide Geschlechter mit schmetterlingsähnlichen beschuppten Flügeln. Fühler 6 gliederig. Aleurodes aceris, Ahornmottenblattlaus.

Aphidae, echte Blattläuse, Fühler lang, Füße 2 gliederig. Oft mit Honigröhren auf dem Hinterleib zur Abscheidung des von Ameisen eifrig aufgesuchten Honigtaues. Schizoneura, Triebläuse. Im Frühling gehen aus den Eiern nur ungeflügelte Weibchen hervor, diese gebären parthenogenetisch Larven, welche sich zu geflügelten Weibchen entwickeln und im Hochsommer männliche und weibliche Larven gebären. Die herangewachsenen und befruchteten Weibchen legen im Juli Eier, die überwintern, und aus denen im nächsten Frühling die erste rein weibliche Generation hervorgeht. Die Eier sind mit Wachsfäden bedeckt, die Imago mit Wolle. S. abietina an der Weißtanne. Aphis, Entwicklung ähnlich, aber mehrere Generationen von ungeflügelten, larvengebärenden Weibchen. Meist an krautartigen Pflanzen, Sträuchern, Obstbäumen u. a. Phylloxeridae, Afterblattläuse mit kurzen Fühlern und ohne Honigröhren. Ph. vastatrix, Reblaus, aus Amerika eingeschleppt, den Weinbau enorm schädigend. Die Generationenfolge beginnt mit ungeflügelten Weibchen, die an der Wurzel des Weinstocks Gallen erzeugen und sich hier durch viele Generationen und mehrere Jahre parthenogenetisch fortpflanzen, bis im Laufe eines Sommers geflügelte Weibchen auftreten, die nach oben wandern und an Blattstiele und -knospen zweierlei Eier legen, kleinere, aus denen Männchen, und größere, aus denen Weibchen schlüpfen. Die gegen Ende des Sommers von den befruchteten Weibchen gelegten Eier überwintern und liefern im Frühling ungeflügelte Weibchen, die an die Wurzel wandern und den ganzen Zeugungskreis von neuem beginnen.

Chermes, Rindenlaus. Fühler bei den ungeflügelten parthenogenetischen Weibchen 3-, bei den geflügelten 5-, bei den befruchtungsfähigen und den Männchen 4 gliederig. Alle Weibchen legen Eier. Stets Wachsporen vorhanden. Alle auf Nadelhölzern, Zeugungskreis durch Wechsel der Nährpflanze kompliziert. Die Stammutter legt unbefruchtete Eier an Fichtenknospen. Aus diesen entwickeln sich geflügelte parthenogenetische Weibchen, die auf eine andere Nadelholzart, Lärche, Kiefer, Tanne, übersiedeln und hier wieder parthenogenetisch eine Generation ungeflügelter Weibchen erzeugen. Diese überwintern und legen im Frühling unbefruchtete Eier, aus denen entweder wieder ungeflügelte parthenogenetische Weibchen schlüpfen, was mehrfach wiederholt werden kann, oder aber geflügelte, die zur Fichte zurückkehren und ihre Eier an deren Nadeln legen, aus welchen dann flügellose Männchen und Weibchen hervorgehen. Im Hochsommer legt das befruchtete Weibchen ein einziges Ei, aus dem sich eine neue ungeflügelte Stammutter entwickelt, die überwintert und im nächsten Frühjahr wieder Knospengallen erzeugt. Der ganze Zeugungskreis ist also mindestens fünfteilig und zweijährig. C. abietis, C. viridis u. a.

Coccidae, Schildläuse. Füße der Imago eingliederig mit einer Klaue. Männchen geflügelt mit verkümmerten Hinterflügeln. Weibchen ungeflügelt, schildförmig mit kurzem Schnabel. Die Männchen entwickeln sich unter einer sackähnlichen Wachshülle nach mehreren Häutungen, aber ohne vollkommene Verwandlung, verlieren dabei den Schnabel, nehmen also als Imago keine Nahrung mehr auf. Die Weibchen behalten zeitlebens das Aussehen der Larve und verlieren die Beine. Nach der Begattung stirbt das Männchen, das Weibchen dagegen saugt sich an der Rinde der Nährpflanze fest, schwillt durch die starke Vergrößerung der Eierstöcke zu einem unförmlichen Körper an, der keine Gliederung mehr erkennen läßt, und umgibt sich mit einer aus Wachs gebildeten, manchmal durch die abgeworfenen Larvenhäute verstärkten schildförmigen Schutzhülle, unter der sich die Eier nach dem Tode der Mutter entwickeln. Bei manchen Arten kommt Parthenogenese vor, Larvengebären dagegen nie. Manche, z. B. Aspidiotus nerii, Oleander- und Orangenschildlaus, sind schädlich, andere erzeugen für den Menschen nützliche Stoffe. Coccus cacti, Cochenillelaus in Mexiko auf Opuntien, liefert die Cochenille; Kermes ilicis, Kermesschildlaus, in Südeuropa den roten Farbstoff Alkermes. Tachardia lacca bewirkt durch ihren Stich am heiligen Feigenbaum (Ficus religiosa) und anderen tropischen Bäumen das Austreten von Schellack. Gossyparia mannipara, am Sinai, bewirkt auf ähnliche Weise an Tamarinden die Bildung von echtem Manna.

18. Ordnung: **Strepsiptera, Fächerflügler.** Mundwerkzeuge kauend, Unterlippe verkümmert. Fühler 4—6gliedrig, gegabelt. Vorderflügel verkümmert, Hinterflügel groß, der Länge nach faltbar, mit fächerförmig angeordneten Adern. Hinterleib mit 4 Segmenten. Malpighische Gefäße fehlen. Eiröhren ohne Nährzellen. Verwandlung vollkommen. Larve erst campodeid, dann madenförmig. Puppe freigliedrig. Die flügellosen, madenförmigen Weibchen im Hinterleib von Wespen und Bienen schmarotzend.

Fam. Stylopidae.

Register.

Die Theorie besagt zunächst, daß die Erde zwei feste Pole hat, Ecuador und Sumatra, zwischen denen die Nordsüdachse langsam hin und her pendelt. Die Pendelausschläge bedeuten die geologischen Perioden; in der diluvialen sowohl wie in der permischen Eiszeit lagen wir weiter nördlich, in der Kreide und im Eozän weiter südlich. Dadurch, daß die einzelnen Punkte der Erdoberfläche, am stärksten unter dem Schwingungskreis, d. h. dem Meridian, der durch die Beringsstraße geht und von den Schwingpolen gleichweit entfernt ist, unter immer andere Breite rücken und damit ihre Stellung zur Sonne und ihr Klima verändern, wird die ganze Schöpfungsgeschichte auf ein kosmisches Prinzip zurückgeführt. Der Unterschied zwischen dem großen und dem kleinen Erdradius (zirka 22 km) hat dabei eine wesentliche Folge. Das flüssige Wasser nimmt jederzeit die Form des Rotationsellipsoides ein, das durch die Zentrifugalkraft bedingt wird. Da die feste Erdkruste erst allmählich in der Gestaltänderung folgen kann, ergeben sich abwechselndes Auf- und Untertauchen der Küsten, Trockenlegen und Verschwinden von Landbrücken. Der Wechsel zwischen Land und Wasser enthält aber den stärksten Anreiz für die Weiterbildung der Lebewesen (neben der Änderung des Klimas). So kommt es, daß unsere atlantisch-indische oder afrikanisch-europäische Erdhälfte, und hier wieder unser zerrissenes Europa, der Ort ist, auf dem die ganze Schöpfung zu ihrer jetzigen Höhe heranreifte. Wie hier die menschliche Kultur sich entwickelt hat, so ist hier der Mensch entstanden, so vor ihm alle Lebewesen, soweit sie sich in der Paläontologie rückwärts verfolgen lassen, Von hier aus haben sie sich in bestimmten Linien über die ganze Erde verbreitet, so daß selbst Erscheinungen wie der Wanderzug der Vögel zu mathematischen Problemen werden und ihre Erklärung finden. Die geologischen Perioden und Formationen, der Vulkanismus, die Erdbeben, selbst die meteorischen Erscheinungen der Atmosphäre folgen denselben Linien. Die ganze Schöpfung wird folgerecht und kontinuierlich. Ja die astronomische Ursache der Pendulation, der Aufsturz eines zweiten Mondes in Afrika, scheint durch die neuesten Spekulationen englischer Astronomen bereits der Sphäre des rein Hypothetischen entrückt zu sein.

Sammlung Göschen

Jeder Band in Leinw. geb. **80 Pf.**

Verzeichnis der bis jetzt erschienenen Bände.

Abwässer. Wasser und Abwässer. Ihre Zusammensetzung, Beurteilung u. Untersuchung von Professor Dr. Emil Haselhoff, Vorsteher der landw. Versuchsstation in Marburg in Hessen. Nr. 473.

Ackerbau- u. Pflanzenbaulehre v. Dr. Paul Rippert i. Essen u. Ernst Langenbeck, Gr.-Lichterfelde. Nr. 232.

Agrarwesen und Agrarpolitik von Prof. Dr. W. Wygodzinski in Bonn. 2 Bändchen. I: Boden u. Unternehmung. Nr. 592.

— — II: Kapital u. Arbeit in der Landwirtschaft. Verwertung der landwirtschaftl. Produkte. Organisation des landwirtschaftl. Berufsstandes. Nr. 593.

Agrikulturchemie I: Pflanzenernährung v. Dr. Karl Grauer. Nr. 329.

Agrikulturchemische Kontrollwesen, Das, v. Dr. Paul Krische in Leopoldshall-Staßfurt. Nr. 304.

— **Untersuchungsmethoden** von Prof. Dr. Emil Haselhoff, Vorsteher der landwirtschaftl. Versuchsstation in Marburg in Hessen. Nr. 470.

Akustik. Theoret. Physik I: Mechanik u. Akustik. Von Dr. Gustav Jäger, Prof. an d. Techn. Hochschule in Wien. Mit 19 Abb. Nr. 76.

— **Musikalische,** von Professor Dr. Karl L. Schäfer in Berlin. Mit 35 Abbild. Nr. 21.

Algebra. Arithmetik und Algebra von Dr. H. Schubert, Professor an der Gelehrtenschule des Johanneums in Hamburg. Nr. 47.

— **Beispielsammlung z. Arithmetik u. Algebra** v. Dr. Herm. Schubert, Prof. a. d. Gelehrtenschule des Johanneums in Hamburg. Nr. 48.

Algebraische Kurven v. Eugen Beutel, Oberreallehrer in Vaihingen-Enz. I: Kurvendiskussion. Mit 57 Fig. im Text. Nr. 435.

— — II: Theorie u. Kurven dritter u. vierter Ordnung. Mit 52 Fig. im Text. Nr. 436.

Alpen, Die, von Dr. Rob. Sieger, Professor an der Universität Graz. Mit 19 Abb. u. 1 Karte. Nr. 129.

Althochdeutsche Literatur mit Grammatik, Übersetzung u. Erläuterungen v. Th. Schauffler, Prof. am Realgymnasium in Ulm. Nr. 28.

Alttestamentl. Religionsgeschichte von D. Dr. Max Löhr, Professor an der Universität Königsberg. Nr. 292.

Amphibien. Das Tierreich III: Reptilien u. Amphibien v. Dr. Franz Werner, Prof. an der Universität Wien. Mit 48 Abbild. Nr. 383.

Analyse, Techn.-Chem., von Dr. G. Lunge, Prof. a. d. Eidgen. Polytechnischen Schule in Zürich. Mit 16 Abb. Nr. 195.

Analysis, Höhere, I: Differentialrechnung. Von Dr. Frdr. Junker, Rektor des Realgymnasiums u. der Oberrealschule in Göppingen. Mit 68 Figuren. Nr. 87.

— — **Repetitorium und Aufgabensammlung zur Differentialrechnung** von Dr. Frdr. Junker, Rektor d. Realgymnas. u. d. Oberrealsch. in Göppingen. Mit 46 Fig. Nr. 146.

— — **II: Integralrechnung.** Von Dr. Friedr. Junker, Rektor des Realgymnasiums u. d. Oberrealschule in Göppingen. Mit 89 Fig. Nr. 88.

Analysis, Höhere. Repetitorium und Aufgabensammlung zur Integralrechnung von Dr. Friedr. Junker, Rektor des Realgymnasiums und der Oberrealschule in Göppingen. Mit 50 Figuren. Nr. 147.
— **Niedere,** von Prof. Dr. Benedikt Sporer in Ehingen. Mit 5 Fig. Nr. 53.
Arbeiterfrage, Die gewerbliche, von Werner Sombart, Prof. an der Handelshochschule Berlin. Nr. 209.
Arbeiterversicherung siehe: Sozialversicherung.
Archäologie von Dr. Friedrich Koepp, Prof. an der Universität Münster i. W. 3 Bändchen. M. 28 Abb. im Text u. 40 Tafeln. Nr. 538/40.
Arithmetik u. Algebra von Dr. Herm. Schubert, Prof. a. d. Gelehrtenschule des Johanneums in Hamburg. Nr. 47.
— — **Beispielsammlung zur Arithmetik und Algebra** von Dr. Herm. Schubert, Prof. a. d. Gelehrtenschule des Johanneums in Hamburg. Nr. 48.
Armeepferd, Das, und die Versorgung der modernen Heere mit Pferden v. Felix von Damnitz, General der Kavallerie z. D. u. ehemal. Preuß. Remonteinspektor. Nr. 514.
Armenwesen und Armenfürsorge. Einführung in d. soziale Hilfsarbeit v. Dr. Adolf Weber, Prof. an der Handelshochschule in Köln. Nr. 346.
Ästhetik, Allgemeine, von Prof. Dr. Max Diez, Lehrer a. d. Kgl. Akademie d. bild. Künste in Stuttgart. Nr. 300.
Astronomie. Größe, Bewegung u. Entfernung der Himmelskörper v. A. F. Möbius, neu bearb. von Dr. Herm. Kobold, Prof. an der Universität Kiel. I: Das Planetensystem. Mit 33 Abbildungen. Nr. 11.
— — II: Kometen, Meteore u. das Sternsystem. Mit 15 Figuren und 2 Sternkarten. Nr. 529.
Astronomische Geographie von Dr. Siegm. Günther, Professor an der Technischen Hochschule in München. Mit 52 Abbildungen. Nr. 92.
Astrophysik. Die Beschaffenheit der Himmelskörper v. Prof. W. F. Wislicenus. Neu bearbeitet von Dr. H. Ludendorff in Potsdam. Mit 15 Abbild. Nr. 91.
Ätherische Öle und Riechstoffe von Dr. F. Rochussen in Miltitz. Mit 9 Abbildungen. Nr. 446.
Aufsatzentwürfe v. Oberstudienrat Dr. L. W. Straub, Rektor des Eberhard-Ludwigs-Gymnas. i. Stuttg. Nr. 17.
Ausgleichungsrechnung nach der Methode der kleinsten Quadrate von Wilh. Weitbrecht, Prof. der Geodäsie in Stuttgart. Mit 15 Figuren und 2 Tafeln. Nr. 302.
Außereuropäische Erdteile, Länderkunde der, von Dr. Franz Heiderich, Professor an der Exportakademie in Wien. Mit 11 Textkärtchen und Profilen. Nr. 63.
Australien. Landeskunde u. Wirtschaftsgeographie des Festlandes Australien von Dr. Kurt Hassert, Prof. d. Geographie an d. Handels-Hochschule in Köln. Mit 8 Abb., 6 graph. Tab. u. 1 Karte. Nr. 319.
Autogenes Schweiß- und Schneidverfahren von Ingen. Hans Niese in Kiel. Mit 30 Figuren. Nr. 499.
Bade- u. Schwimmanstalten, Öffentliche, v. Dr. Karl Wolff, Stadtoberbaur., Hannover. M. 50 Fig. Nr. 380.
Baden. Badische Geschichte von Dr. Karl Brunner, Prof. am Gymnas. in Pforzheim u. Privatdozent der Geschichte an der Technischen Hochschule in Karlsruhe. Nr. 230.
— **Landeskunde von Baden** von Prof. Dr. O. Kienitz i. Karlsruhe. Mit Profil., Abb. u. 1 Karte. Nr. 199.
Bahnhöfe. Hochbauten der Bahnhöfe v. Eisenbahnbauinspekt. C. Schwab, Vorstand d. Kgl. E.-Hochbausektion Stuttgart II. I: Empfangsgebäude. Nebengebäude. Güterschuppen. Lokomotivschuppen. Mit 91 Abbildungen. Nr. 515.
Balkanstaaten. Geschichte d. christlichen Balkanstaaten (Bulgarien, Serbien, Rumänien, Montenegro, Griechenland) von Dr. K. Roth in Kempten. Nr. 331.
Bankwesen. Technik des Bankwesens von Dr. Walter Conrad, stellvert. Vorsteher der statist. Abteilung der Reichsbank in Berlin. Nr. 484.
Bauführung. Kurzgefaßtes Handbuch über das Wesen der Bauführung v. Archit. Emil Beutinger, Assistent an d. Techn. Hochschule in Darmstadt. M. 25 Fig. u. 11 Tabell. Nr. 399.

Baukunst, Die, des Abendlandes v. Dr. K. Schäfer, Assist. a. Gewerbemuseum, Bremen. Mit 22 Abb. Nr. 74.

— **des Schulhauses** v. Prof. Dr.-Ing. Ernst Vetterlein, Darmstadt. I: Das Schulhaus. M. 38 Abb. Nr. 443.

— — II: Die Schulräume — Die Nebenanlagen. M. 31 Abb. Nr. 444.

Bausteine. Die Industrie der künstlichen Bausteine und des Mörtels von Dr. G. Rauter in Charlottenburg. Mit 12 Tafeln. Nr. 234.

Baustoffkunde, Die, v. Prof. H. Haberstroh, Oberl. a. d. Herzogl. Baugewerkschule Holzminden. Mit 36 Abbildungen. Nr. 506.

Bayern. Bayerische Geschichte von Dr. Hans Ockel in Augsburg. Nr. 160.

— **Landeskunde des Königreichs Bayern** v. Dr. W. Götz, Prof. a. d. Kgl. Techn. Hochschule München. M. Profil., Abb. u. 1 Karte. Nr. 176.

Befestigungswesen. Die geschichtliche Entwicklung des Befestigungswesens vom Aufkommen der Pulvergeschütze bis zur Neuzeit von Reuleaux, Major b. Stabe d. 1. Westpreuß. Pionierbataill. Nr. 17. Mit 30 Bildern. Nr. 569.

Beschwerderecht. Das Disziplinar- u. Beschwerderecht für Heer u. Marine v. Dr. Max E. Mayer, Prof. a. d. Univ. Straßburg i. E. Nr. 517.

Betriebskraft, Die zweckmäßigste, von Friedr. Barth, Oberingen. in Nürnberg. 1. Teil: Einleitung. Dampfkraftanlagen. Verschied. Kraftmaschinen. M. 27 Abb. Nr. 224.

— — **II:** Gas-, Wasser- u. Wind-Kraftanlagen. M. 31 Abb. Nr. 225.

— — **III:** Elektromotoren. Betriebskostentabellen. Graph. Darstell. Wahl d. Betriebskraft. M. 27 Abb. Nr. 474.

Bewegungsspiele v. Dr. E. Kohlrausch, Prof. am Kgl. Kaiser Wilhelms-Gymn. zu Hannover. M. 15 Abb. Nr. 96.

Bleicherei. Textil-Industrie III: Wäscherei, Bleicherei, Färberei und ihre Hilfsstoffe v. Dr. Wilh. Massot, Prof. a. d. Preuß. höh. Fachschule für Textilindustrie in Krefeld. Mit 28 Fig. Nr. 186.

Blütenpflanzen, Das System der, mit Ausschluß der Gymnospermen von Dr. R. Pilger, Kustos am Kgl. Botanischen Garten in Berlin-Dahlem Mit 31 Figuren. Nr. 393.

Bodenkunde von Dr. P. Vageler in Königsberg i. Pr. Nr. 455.

Brandenburgisch-Preußische Geschichte von Prof. Dr. M. Thamm, Dir. des Kaiser Wilhelms-Gymnasiums in Montabaur. Nr. 600.

Brasilien. Landeskunde der Republik Brasilien von Bel Rodolpho von Ihering. Mit 12 Abbildungen und 1 Karte. Nr. 373.

Brauereiwesen I: Mälzerei von Dr. Paul Dreverhoff, Dir. der Brauer- u. Mälzerschule zu Grimma. Mit 16 Abbildungen. Nr. 303.

Britisch-Nordamerika. Landeskunde von Britisch-Nordamerika v. Prof. Dr. A. Oppel in Bremen. Mit 13 Abb. und 1 Karte. Nr. 284.

Buchführung in einfachen u. doppelten Posten v. Prof. Rob. Stern, Oberl. d. Öffentl. Handelslehranst. u. Doz. d. Handelshochschule zu Leipzig. M. vielen Formul. Nr. 115.

Buddha von Professor Dr. Edmund Hardy. Nr. 174.

Burgenkunde, Abriß der, von Hofrat Dr. Otto Piper in München. Mit 30 Abbildungen. Nr. 119.

Bürgerliches Gesetzbuch siehe: **Recht** des BGB.

Byzantinisches Reich. Geschichte des byzantinischen Reiches von Dr. K. Roth in Kempten. Nr. 190.

Chemie, Allgemeine u. physikalische, von Dr. Max Rudolphi, Prof. an der Techn. Hochschule in Darmstadt. Mit 22 Figuren. Nr. 71.

— **Analytische,** von Dr. Johannes Hoppe in München. **I:** Theorie und Gang der Analyse. Nr. 247.

— — **II:** Reaktion der Metalloide und Metalle. Nr. 248.

— **Anorganische,** von Dr. Jos. Klein in Mannheim. Nr. 37.

— **Geschichte der,** von Dr. Hugo Bauer, Assist. am chemischen Laboratorium der Kgl. Techn. Hochschule Stuttgart. **I:** Von den ältesten Zeiten bis z. Verbrennungstheorie von Lavoisier. Nr. 264.

— — **II:** Von Lavoisier bis zur Gegenwart. Nr. 265.

Chemie der Kohlenstoffverbindungen von Dr. Hugo Bauer, Assistent am chem. Laboratorium d. Kgl. Techn. Hochschule Stuttgart. **I. II:** Aliphatische Verbindungen. 2 Teile. Nr. 191. 192.
— — **III:** Karbocyklische Verbindungen. Nr. 193.
— — **IV:** Heterocyklische Verbindungen. Nr. 194.
— **Organische,** von Dr. Jos. **Klein in** Mannheim. Nr. 38.
— **Pharmazeutische,** von Privatdozent Dr. E. Mannheim **in** Bonn. 3 Bändchen. Nr. 543/44 u. 588.
— **Physiologische,** von Dr. med. A. Legahn in Berlin. **I:** Assimilation. Mit 2 Tafeln. Nr. 240.
— — **II:** Dissimilation. M. 1 Tafel. Nr. 241.
— **Toxikologische,** von Privatdozent Dr. E. Mannheim in Bonn. Mit 6 Abbildungen. Nr. 465.
Chemische Industrie, Anorganische, von Dr. Gust. Rauter in Charlottenburg. **I:** Die Leblancsodaindustrie und ihre Nebenzweige. Mit 12 Tafeln. Nr. 205.
— — **II:** Salinenwesen, Kalisalze, Düngerindustrie u. Verwandtes. Mit 6 Tafeln. Nr. 206.
— — **III:** Anorganische chemische Präparate. M. 6 Taf. Nr. 207.
Chemische Technologie, Allgemeine, von Dr. Gust. Rauter in Charlottenburg. Nr. 113.
Chemisch-Technische Analyse von Dr. G. Lunge, Prof. an der Eidgen. Polytechnischen Schule in Zürich. Mit 16 Abbild. Nr. 195.
Christlichen Literaturen des Orients, Die, von Dr. Anton Baumstark. **I:** Einleitung. — Das christlich-aramäische u. d. koptische Schrifttum. Nr. 527.
— — **II:** Das christl.-arab. und das äthiop. Schrifttum. — Das christl. Schrifttum d. Armenier und Georgier. Nr. 528.
Dampfkessel, Die. Kurzgefaßtes Lehrbuch mit Beispielen für das Selbststudium u. den praktischen Gebrauch von Oberingenieur Friedr. Barth in Nürnberg. **I:** Kesselsysteme und Feuerungen. Mit 43 Fig. Nr. 9.
— — **II:** Bau und Betrieb der Dampfkessel. M. 57 Fig. Nr. 521.

Dampfmaschinen, Die. Kurzgefaßtes Lehrbuch mit Beispielen für das Selbststudium und den praktischen Gebrauch von Friedr. Barth, Oberingenieur in Nürnberg. 2 Bdchn. **I:** Wärmetheoretische und dampftechnische Grundlagen. Mit 64 Fig. Nr. 8.
— — **II:** Bau und Betrieb der Dampfmaschinen. Mit 109 Fig. Nr. 572.
Dampfturbinen, Die, ihre Wirkungsweise u. Konstruktion von Ingen. Herm. Wilda, Prof. a. staatl. Technikum in Bremen. Mit 104 Abb. Nr. 274.
Desinfektion von Dr. M. Christian, Stabsarzt a. D. in Berlin. Mit 18 Abbildungen. Nr. 546.
Determinanten von P. B. Fischer, Oberl. a. d. Oberrealsch. z. Groß-Lichterfelde. Nr. 402.
Deutsche Altertümer von Dr. Franz Fuhse, Dir. d. städt. Museums in Braunschweig. M. 70 Abb. Nr. 124.
Deutsche Fortbildungsschulwesen, Das, nach seiner geschichtlichen Entwicklung u. in seiner gegenwärt. Gestalt von H. Sierck, Revisor gewerbl. Fortbildungsschulen in Schleswig. Nr. 392.
Deutsches Fremdwörterbuch von Dr. Rud. Kleinpaul in Leipzig. Nr. 273.
Deutsche Geschichte von Dr. F. Kurze, Prof. a. Kgl. Luisengymnas. in Berlin. **I:** Mittelalter (bis 1519). Nr. 33.
— — **II:** Zeitalter der Reformation und der Religionskriege (1517 bis 1648). Nr. 34.
— — **III:** Vom Westfälischen Frieden bis zur Auflösung des alten Reichs (1648—1806). Nr. 35.
— — siehe auch: Quellenkunde.
Deutsche Grammatik und kurze Geschichte der deutschen Sprache von Schulrat Prof. Dr. O. Lyon in Dresden. Nr. 20.
Deutsche Handelskorrespondenz von Prof. Th. de Beaux, Officier de l'Instruction Publique. Nr. 182.
Deutsches Handelsrecht von Dr. Karl Lehmann, Prof. an der Universität Göttingen. 2 Bde. Nr. 457 u. 458.
Deutsche Heldensage, Die, von Dr. Otto Luitpold Jiriczek, Prof. an d. Universität Würzburg. Nr. 32.

Deutsches Kolonialrecht von Dr. H. Edler von Hoffmann, Prof. an der Kgl. Akademie Posen. Nr. 318.

Deutsche Kolonien. I: Togo und Kamerun von Prof. Dr. K. Dove. Mit 16 Tafeln u. 1 lithogr. Karte. Nr. 441.

— **II: Das Südseegebiet und Kiautschou** von Prof. Dr. K. Dove. Mit 16 Tafeln u. 1 lith. Karte. Nr. 520.

— **III: Ostafrika** von Prof. Dr. K. Dove. Mit 16 Tafeln u. 1 lithogr. Karte. Nr. 567.

Deutsche Kulturgeschichte von Dr. Reinh. Günther. Nr. 56.

Deutsches Leben im 12. u. 13. Jahrhundert. Realkommentar zu den Volks- u. Kunstepen u. zum Minnesang. Von Prof. Dr. Jul. Dieffenbacher in Freiburg i. B. I: Öffentliches Leben. Mit zahlreichen Abbildungen. Nr. 93.

— — II: Privatleben. Mit zahlreichen Abbildungen. Nr. 328.

Deutsche Literatur des 13. Jahrhunderts. Die Epigonen d. höfischen Epos. Auswahl a. deutschen Dichtungen des 13. Jahrhunderts von Dr. Viktor Junk, Aktuarius der Kaiserlichen Akademie der Wissenschaften in Wien. Nr. 289.

Deutsche Literaturdenkmäler des 14. u. 15. Jahrhunderts. Ausgewählt und erläutert von Dr. Hermann Jantzen, Direktor d. Königin Luise-Schule in Königsberg i. Pr. Nr. 181.

— **16. Jahrhunderts. I: Martin Luther u. Thom. Murner.** Ausgewählt u. mit Einleitungen u. Anmerkungen versehen von Prof. G. Berlit, Oberlehrer am Nikolaigymnasium zu Leipzig. Nr. 7.

— — II: Hans Sachs. Ausgewählt u. erläut. v. Prof. Dr. J. Sahr. Nr. 24.

— — **III: Von Brant bis Rollenhagen: Brant, Hutten, Fischart, sowie Tierepos u. Fabel.** Ausgew. u. erläut. von Prof. Dr. Julius Sahr. Nr. 36.

— **des 17. und 18. Jahrhunderts bis Klopstock. I:** Lyrik von Dr. Paul Legband in Berlin. Nr. 364.

— — II: Prosa v. Dr. Hans Legband in Kassel. Nr. 365.

Deutsche Literaturgeschichte von Dr. Max Koch, Prof. an der Universität Breslau. Nr. 31.

Deutsche Literaturgeschichte der Klassikerzeit v. Carl Weitbrecht, durchgesehen u. ergänzt v. Karl Berger. Nr. 161.

— — **des 19. Jahrhunderts** von Carl Weitbrecht, neu bearbeitet von Dr. Rich. Weitbrecht in Wimpfen. I. II. Nr. 134. 135.

Deutschen Mundarten, Die, von Prof. Dr. H. Reis in Mainz. Nr. 605.

Deutsche Mythologie. Germanische Mythologie von Dr. Eugen Mogk, Prof. a. d. Univers. Leipzig. Nr. 15.

Deutschen Personennamen, Die, v. Dr. Rud. Kleinpaul i. Leipzig. Nr. 422.

Deutsche Poetik von Dr. K. Borinski, Prof. a. d. Univ. München. Nr. 40.

Deutsche Redelehre von Hans Probst, Gymnasialprof. i. Bamberg. Nr. 61.

Deutsche Schule, Die, im Auslande von Hans Amrhein, Seminaroberlehrer in Rheydt. Nr. 259.

Deutsches Seerecht v. Dr. Otto Brandis, Oberlandesgerichtsrat in Hamburg. I: Allgem. Lehren: Personen u. Sachen d. Seerechts. Nr. 386.

— — II: Die einzelnen seerechtlichen Schuldverhältnisse: Verträge des Seerechts u. außervertragliche Haftung. Nr. 387.

Deutsche Stammeskunde v. Dr. Rud. Much, a. o. Prof. a. d. Univ. Wien. Mit 2 Kart. u. 2 Taf. Nr. 126.

Deutsches Unterrichtswesen. Geschichte des deutschen Unterrichtswesens v. Prof. Dr. Friedrich Seiler, Direktor des Kgl. Gymnasiums zu Luckau. I: Von Anfang an bis zum Ende des 18. Jahrhunderts. Nr. 275.

— — II: Vom Beginn d. 19. Jahrh. bis auf die Gegenwart. Nr. 276.

Deutsche Urheberrecht, Das, an literarischen, künstlerischen u. gewerblichen Schöpfungen, mit besonderer Berücksichtigung der internat. Verträge v. Dr. Gust. Rauter, Patentanwalt in Charlottenburg. Nr. 263.

Deutsche Volkslied, Das, ausgewählt u. erläutert von Prof. Dr. Jul. Sahr. 2 Bändchen. Nr. 25 u. 132.

Deutsche Wehrverfassung von Karl Endres, Geheimer Kriegsrat u. vortragender Rat im Kriegsministerium in München. Nr. 401.

Deutsches Wörterbuch v. Dr. Richard Loewe. Nr. 64.

Deutsche Zeitungswesen, Das, von Dr. Robert Brunhuber in Köln a. Rh. Nr. 400.

Deutsches Zivilprozeßrecht von Prof. Dr. Wilhelm Kisch in Straßburg i. E. 3 Bände. Nr. 428—430.

Dichtungen aus mittelhochdeutscher Frühzeit. In Ausw. mit Einltg. u. Wörterb. herausgeg. v. Dr. Herm. Jantzen, Direktor d. Königin Luise-Schule i. Königsberg i. Pr. Nr. 137.

Dietrichepen. Kudrun und Dietrichepen. Mit Einleitung u. Wörterbuch von Dr. O. L. Jiriczek, Prof. a. d. Universität Würzburg. Nr. 10.

Differentialrechnung von Dr. Friedr. Junker, Rektor d. Realgymnasiums u. der Oberrealschule in Göppingen Mit 68 Figuren. Nr. 87.

— **Repetitorium u. Aufgabensammlung zur Differentialrechnung** von Dr. Friedr. Junker, Rektor d. Realgymnasiums u. d. Oberrealschule in Göppingen. Mit 46 Fig. Nr. 146.

Drogenkunde von Rich. Dorstewitz in Leipzig und Georg Ottersbach in Hamburg. Nr. 413.

Druckwasser- und Druckluft-Anlagen. Pumpen, Druckwasser- u. Druckluft-Anlagen von Dipl.-Ingen. Rudolf Vogdt, Regierungsbaumstr. a. D. in Aachen. Mit 87 Fig. Nr. 290.

Eddalieder mit Grammatik, Übersetzg. u. Erläuterungen von Dr. Wilhelm Ranisch, Gymnasialoberlehrer in Osnabrück. Nr. 171.

Eisenbahnbau. Die Entwicklung des modernen Eisenbahnbaues v. Dipl. Ing. Alfred Birk, o. ö. Prof. a. d. k. k. Deutschen Techn. Hochschule in Prag. Mit 27 Abbild. Nr. 553.

Eisenbahnfahrzeuge von H. Hinnenthal, Regierungsbaumeister u. Oberingen. in Hannover. I: Die Lokomotiven. Mit 89 Abbild. im Text und 2 Tafeln. Nr. 107.

— — **II:** Die Eisenbahnwagen und Bremsen. Mit Anh.: Die Eisenbahnfahrzeuge im Betrieb. Mit 56 Abb. im Text u. 3 Taf. Nr. 108.

Eisenbahnpolitik. Geschichte d. deutschen Eisenbahnpolitik v. Betriebsinspektor Dr. Edwin Kech in Karlsruhe i. B. Nr. 533.

Eisenbetonbau, Der, v. Reg.-Baumstr. Karl Rößle. Mit 75 Abbildungen. Nr. 349.

Eisenhüttenkunde von A. Krauß, dipl. Hütteningenieur. **I: Das Roheisen.** Mit 17 Fig. u. 4 Taf. Nr. 152.

— — **II:** Das Schmiedeisen. M. 25 Fig. u. 5 Taf. Nr. 158.

Eisenkonstruktionen im Hochbau von Ingen. Karl Schindler in Meißen. Mit 115 Figuren. Nr. 322.

Eiszeitalter, Das, v. Dr. Emil Werth in Berlin-Wilmersdorf. Mit 17 Abbildungen und 1 Karte. Nr. 431.

Elastizitätslehre für Ingenieure I: Grundlagen und Allgemeines über Spannungszustände, Zylinder, Ebene Platten, Torsion, Gekrümmte Träger. Von Dr.-Ing. Max Enßlin, Prof. a. d. Kgl. Baugewerkschule Stuttgart und Privatdozent a. d. Techn. Hochschule Stuttgart. Mit 60 Abbild. Nr. 519.

Elektrischen Meßinstrumente, Die, von J. Herrmann, Prof. an der Techn. Hochschule in Stuttgart. Mit 195 Figuren. Nr. 477.

Elektrische Telegraphie, Die, von Dr. Lud. Rellstab. Mit 19 Fig. Nr. 172.

Elektrizität. Theoret. Physik III: Elektrizität u. Magnetismus von Dr. Gust. Jäger, Prof. a. d. Techn. Hochschule in Wien. Mit 33 Abbildgn. Nr. 78.

Elektrochemie von Dr. Heinr. Danneel in Genf. I: Theoretische Elektrochemie u. ihre physikalisch-chemischen Grundlagen. Mit 16 Fig. Nr. 252.

— — **II:** Experiment. Elektrochemie, Meßmethoden, Leitfähigkeit, Lösungen. Mit 26 Fig. Nr. 253.

Elektromagnet. Lichttheorie. Theoret. Physik IV: Elektromagnet. Lichttheorie u. Elektronik von Professor Dr. Gust. Jäger in Wien. Mit 21 Figuren. Nr. 374.

Elektrometallurgie von Dr. Friedrich Regelsberger, Kaiserl. Reg.-Rat in Steglitz-Berlin. M. 16 Fig. Nr. 110.

Elektrotechnik. Einführung in die Starkstromtechnik v. J. Herrmann, Prof. d. Elektrotechnik an der Kgl. Techn. Hochschule Stuttgart. **I:** Die physikalischen Grundlagen. Mit 95 Fig. u. 16 Taf. Nr. 196.

— — **II:** Die Gleichstromtechnik. Mit 118 Fig. und 16 Taf. Nr. 197.

— — **III:** Die Wechselstromtechnik. Mit 126 Fig. u. 16 Taf. Nr. 198.

Elektrotechnik. Die Materialien des Maschinenbaues und der Elektrotechnik von Ingenieur Prof. Hermann Wilda in Bremen. Mit 8 Abbildgn. Nr. 476.

Elsaß-Lothringen, Landeskunde von, v. Prof. Dr. R. Langenbeck in Straßburg i. E. Mit 11 Abbild. u. 1 Karte. Nr. 215.

Englisch-deutsches Gesprächsbuch von Prof. Dr. E. Hausknecht in Lausanne. Nr. 424.

Englische Geschichte v. Prof. L. Gerber, Oberlehrer in Düsseldorf. Nr. 375.

Englische Handelskorrespondenz von E. E. Whitfield, M. A., Oberlehrer an King Edward VII Grammar School in King's Lynn. Nr. 237.

Englische Literaturgeschichte von Dr. Karl Weiser in Wien. Nr. 69.

— — **Grundzüge und Haupttypen d. englischen Literaturgeschichte** von Dr. Arnold M. M. Schröer, Prof. an der Handelshochschule in Köln. 2 Teile. Nr. 286, 287.

Entwicklungsgeschichte der Tiere von Dr. Johannes Meisenheimer, Prof. der Zoologie an der Universität Jena. I: Furchung, Primitivanlagen, Larven, Formbildung, Embryonalhüllen. Mit 48 Figuren. Nr. 378.

— — II: Organbildung. Mit 46 Fig. Nr. 379.

Epigonen, Die, des höfischen Epos. Auswahl aus deutschen Dichtungen des 13. Jahrhunderts von Dr. Viktor Junk, Aktuarius der Kaiserlichen Akademie der Wissenschaften in Wien. Nr. 289.

Erdmagnetismus, Erdstrom, Polarlicht von Dr. A. Nippoldt, Mitglied des Königl. Preußischen Metereologischen Instituts in Potsdam. Mit 17 Abbild. u. 5 Taf. Nr. 175.

Erdteile, Länderkunde der außereuropäischen, von Dr. Franz Heiderich, Professor an der Exportakademie in Wien. Mit 11 Textkärtchen und Profilen. Nr. 63.

Ernährung und Nahrungsmittel von Oberstabsarzt Professor H. Bischoff in Berlin. Mit 4 Abbildungen. Nr. 464.

Ethik von Prof. Dr. Thomas Achelis in Bremen. Nr. 90.

Europa, Länderkunde von, von Dr. Franz Heiderich, Prof. a. d. Exportakademie in Wien. Mit 14 Textkärtchen u. Diagrammen u. einer Karte der Alpeneinteilung. Nr. 62.

Exkursionsflora von Deutschland zum Bestimmen d. häufigeren i. Deutschland wildwachsenden Pflanzen von Dr. W. Migula, Prof. an der Forstakademie Eisenach. 2 Teile. Mit je 50 Abbildungen. Nr. 268 und 269.

Explosivstoffe. Einführung in d. Chemie der explosiven Vorgänge von Dr. H. Brunswig in Steglitz. Mit 6 Abbild. und 12 Tab. Nr. 333.

Familienrecht. Recht d. Bürgerlichen Gesetzbuches. Viertes Buch: Familienrecht von Dr. Heinrich Titze, Prof. a. d. Univ. Göttingen. Nr. 305.

Färberei. Textil-Industrie III: Wäscherei, Bleicherei, Färberei und ihre Hilfsstoffe von Dr. Wilhelm Massot, Prof. an der Preußischen höheren Fachschule f. Textilindustrie in Krefeld. Mit 28 Fig. Nr. 186.

Feldgeschütz, Das moderne, v. Oberstleutnant W. Heydenreich, Militärlehrer a. d. Militärtechn. Akademie in Berlin. I: Die Entwicklung des Feldgeschützes seit Einführung des gezogenen Infanteriegewehrs bis einschl. der Erfindung des rauchl. Pulvers, etwa 1850 bis 1890. Mit 1 Abbild. Nr. 306.

— — II: Die Entwicklung d. heutigen Feldgeschützes auf Grund der Erfindung des rauchlosen Pulvers, etwa 1890 bis zur Gegenwart. Mit 11 Abbild. Nr. 307.

Fernsprechwesen, Das, von Dr. Ludwig Rellstab in Berlin. Mit 47 Fig. und 1 Tafel. Nr. 155.

Festigkeitslehre v. W. Hauber, Dipl.-Ingenieur. Mit 56 Fig. Nr. 288.

— **Aufgabensammlung zur Festigkeitslehre mit Lösungen** von R. Haren, Diplom-Ingenieur in Mannheim. Mit 42 Figuren. Nr. 491.

Fette, Die, und Öle sowie die Seifen- u. Kerzenfabrikat. u. d. Harze, Lacke, Firnisse m. ihren wicht. Hilfsstoffen von Dr. Karl Braun in Berlin. I: Einf. in d. Chemie, Besprech. einiger Salze u. d. Fette u. Öle. Nr. 335.

— — II: Die Seifenfabrikation, die Seifenanalyse und die Kerzenfabrikation. Mit 25 Abbild. Nr. 336.

Kalkulation, Die, im Maschinenbau von Ingen. H. Bethmann, Dozent am Technikum Altenburg. Mit 63 Abbildungen. Nr. 486.

Kältemaschinen. Die thermodynamischen Grundlagen der Wärmekraft- und Kältemaschinen von M. Röttinger, Dipl.-Ing. in Mannheim. Mit 73 Figuren. Nr. 2.

Kamerun. Die deutschen Kolonien I: Togo und Kamerun von Prof. Dr. Karl Dove. Mit 16 Tafeln und einer lithogr. Karte. Nr. 441.

Kanal- und Schleusenbau von Regierungsbaumeister Otto Rappold in Stuttgart. Mit 78 Abb. Nr. 585.

Kant, Immanuel. (Geschichte der Philosophie Bd. 5) von Dr. Bruno Bauch, Prof. a. d. Univ. Jena Nr. 536.

Kartell u. Trust v. Dr. S. Tschierschky in Düsseldorf. Nr. 522.

Kartenkunde von Dr. M. Groll, Kartograph in Berlin. 2 Bändchen. I: Die Projektionen. Mit 53 Fig. Nr. 30.

— — II: Der Karteninhalt und das Messen auf Karten. Mit 36 Fig. Nr. 599.

Kaufmännische Rechtskunde. I: Das Wechselwesen v. Rechtsanwalt Dr. Rud. Mothes in Leipzig. Nr. 103.

— II: Der Handelsstand v. Rechtsanwalt Dr. jur. Bruno Springer, Leipzig. Nr. 545.

Kaufmännisches Rechnen von Prof. Richard Just, Oberlehrer a. d. Öffentl. Handelslehranstalt d. Dresdener Kaufmannschaft. I. II. III Nr. 139, 140, 187.

Keramische Industrie. Die Industrie der Silikate, der künstlichen Bausteine und des Mörtels von Dr. Gust. Rauter. I: Glas- u. keram. Industrie. Mit 12 Taf. Nr. 233.

Kerzenfabrikation. Die Seifenfabrikation, die Seifenanalyse und die Kerzenfabrikation von Dr. Karl Braun in Berlin. (Die Fette u Öle II.) Mit 25 Abb. Nr. 336

Kiautschou. Die deutschen Kolonien II: Das Südseegebiet und Kiautschou v. Prof. Dr. K. Dove. Mit 16 Taf. u. 1 lithogr. Karte. Nr. 520.

Kinematik von Dipl.-Ing. Hans Polster, Assist. a. d. Kgl. Techn. Hochschule Dresden. M. 76 Abb. Nr. 584.

Kirchenrecht v. Dr. E. Sehling, ord. Prof. d. Rechte in Erlangen. Nr. 377.

Klimakunde I: Allgemeine Klimalehre von Prof. Dr. W. Köppen, Meteorologe der Seewarte Hamburg. Mit 7 Taf. u. 2 Figuren. Nr. 114.

Kolonialgeschichte von Dr. Dietrich Schäfer, Professor der Geschichte an der Universität Berlin. Nr. 156.

Kolonialrecht, Deutsches, von Dr. H. Edler von Hoffmann, Prof. an der Kgl. Akademie Posen. Nr. 318.

Kometen. Astronomie. Größe, Bewegung u. Entfernung d. Himmelskörper v. A. F. Möbius, neu bearb. v. Dr. Herm. Kobold, Prof. an der Univ. Kiel. II: Kometen, Meteore u. das Sternsystem. Mit 15 Fig. u. 2 Sternkarten. Nr. 529.

Kommunale Wirtschaftspflege von Dr. Alfons Rieß, Magistratsassessor in Berlin. Nr. 534.

Kompositionslehre. Musikalische Formenlehre v. Steph. Krehl. I. II. M. viel. Notenbeispiel. Nr. 149, 150.

Kontrapunkt. Die Lehre von der selbständigen Stimmführung v. Steph. Krehl in Leipzig. Nr. 390.

Kontrollwesen, Das agrikulturchemische, von Dr. Paul Kirsche in Leopoldshall-Staßfurt. Nr. 304.

Koordinatensysteme v. Paul B. Fischer, Oberl. a. d. Oberrealschule zu Groß-Lichterfelde. Mit 8 Fig. Nr. 507.

Körper, Der menschliche, sein Bau und seine Tätigkeiten von E. Rebmann, Oberschulrat in Karlsruhe. Mit Gesundheitslehre v. Dr. med. H. Seiler. Mit 47 Abb. u. 1 Tafel. Nr. 18.

Kostenanschlag siehe: Veranschlagen.

Kriegsschiffbau. Die Entwicklung des Kriegsschiffbaues vom Altertum bis zur Neuzeit. Von Tjard Schwarz, Geh. Marinebaurat und Schiffbau-Direktor. I. Teil: Das Zeitalter der Ruderschiffe u. der Segelschiffe für die Kriegsführung zur See vom Altertum bis 1840. Mit 32 Abbildungen. Nr. 471.

— — II. Teil: Das Zeitalter der Dampfschiffe für die Kriegsführung zur See von 1840 bis zur Neuzeit. Mit 81 Abbildungen. Nr. 472.

Kriegswesens, Geschichte des, von Dr. Emil Daniels in Berlin. I: Das antike Kriegswesen. Nr. 488.

Kriegswesens, Geschichte des, v. Dr. Emil Daniels in Berlin. **II:** Das mittelalterl. Kriegswesen. Nr. 498.
— — **III:** Das Kriegswesen der Neuzeit. Erster Teil. Nr. 518.
— — **IV:** Das Kriegswesen der Neuzeit. Zweiter Teil. Nr. 537.
— — **V:** Das Kriegswesen der Neuzeit. Dritter Teil. Nr. 568.
Kristallographie v. Dr. W. Bruhns, Prof. a. d. Bergakademie Clausthal. Mit 190 Abbild. Nr. 210.
Kudrun und Dietrichepen. Mit Einleitung und Wörterbuch von Dr. O. L. Jiriczek, Professor an der Universität Würzburg. Nr. 10.
Kultur, Die, der Renaissance. Gesittung, Forschung, Dichtung v. Dr. Robert F. Arnold, Professor an der Universität Wien. Nr. 189.
Kulturgeschichte, Deutsche, von Dr. Reinh. Günther. Nr. 56.
Kurvendiskussion. Algebraische Kurven von Eug. Beutel, Oberreallehrer in Vaihingen-Enz. **I:** Kurvendiskussion. Mit 57 Fig. im Text. Nr. 435.
Kurzschrift siehe: Stenographie.
Küstenartillerie. Die Entwicklung der Schiffs- und Küstenartillerie bis zur Gegenwart v. Korvettenkapitän Huning. Mit Abbildungen und Tabellen. Nr. 606.
Lacke. Harze, Lacke, Firnisse von Dr. Karl Braun in Berlin. (Die Fette und Öle III.) Nr. 337.
Lagerhäuser. Industrielle und gewerbliche Bauten. (Speicher, Lagerhäuser u. Fabriken) von Architekt Heinrich Salzmann, Düsseldorf. **II:** Speicher u. Lagerhäuser. Mit 123 Fig. Nr. 512.
Länder- und Völkernamen von Dr. Rud. Kleinpaul in Leipzig. Nr. 478.
Landstraßenbau von Kgl. Oberlehrer A. Liebmann, Betriebsdirekt. a. D. i. Magdeburg. Mit 44 Fig. Nr. 598
Landwirtschaftliche Betriebslehre v. E. Langenbeck in Groß-Lichterfelde. Nr. 227.
Landwirtschaftlichen Maschinen, Die, von Karl Walther, Diplom.-Ing. in Mannheim. 3 Bändchen. Mit vielen Abbildgn. Nr. 407—409.
Lateinische Grammatik. Grundriß der latein. Sprachlehre v. Prof. Dr. W. Votsch in Magdeburg. Nr. 82.
Lateinische Sprache. Geschichte der lateinischen Sprache von Dr. Friedrich Stolz, Professor an der Universität Innsbruck. Nr. 492.
Licht. Theoretische Physik II. Teil: Licht und Wärme. Von Dr. Gust. Jäger, Prof. an der Techn. Hochschule in Wien. M. 47 Abb. Nr. 77.
Logarithmen. Vierstellige Tafeln und Gegentafeln für logarithmisches u. trigonometrisches Rechnen in zwei Farben zusammengestellt von Dr. Herm. Schubert, Prof. an der Gelehrtenschule des Johanneums in Hamburg. Nr. 81.
— **Fünfstellige,** von Professor August Adler, Direktor der k. k. Staatsoberrealschule in Wien. Nr. 423.
Logik. Psychologie und Logik zur Einführung in die Philosophie von Professor Dr. Th. Elsenhans. Mit 13 Figuren. Nr. 14.
Lokomotiven. Eisenbahnfahrzeuge von H. Hinnenthal. **I:** Die Lokomotiven. Mit 89 Abb. im Text u. 2 Tafeln. Nr. 107.
Lothringen. Geschichte Lothringens von Dr. Herm. Derichsweiler, Geh. Regierungsrat in Straßburg. Nr. 6.
— **Landeskunde v. Elsaß-Lothringen** v. Prof. Dr. R. Langenbeck in Straßburg i. E. Mit 11 Abb. u. 1 Karte. Nr. 215.
Lötrohrprobierkunde. Qualitative Analyse mit Hilfe des Lötrohrs von Dr. Mart. Henglein in Freiberg i. Sa. Mit 10 Figuren. Nr. 483.
Lübeck. Landeskunde d. Großherzogtümer Mecklenburg u. der Freien u. Hansestadt Lübeck v. Dr. Sebald Schwarz, Direktor der Realschule zum Dom in Lübeck. Mit 17 Abbildungen und Karten im Text und 1 lithographischen Karte. Nr. 487.
Luft- und Meeresströmungen von Dr. Franz Schulze, Direktor der Navigationsschule zu Lübeck. Mit 27 Abbildungen und Tafeln. Nr. 551.
Lüftung. Heizung und Lüftung von Ing. Johannes Körting in Düsseldorf. **I:** Das Wesen und die Berechnung d. Heizungs- u. Lüftungsanlagen. Mit 34 Fig. Nr. 342.
— — **II:** Die Ausführung der Heizungs- und Lüftungsanlagen. Mit 191 Figuren. Nr. 343.

Luther, Martin, und Thom. Murner. Ausgewählt und mit Einleitungen u. Anmerkungen versehen v. Prof. G. Berlit, Oberlehrer am Nikolaigymnasium zu Leipzig. Nr. 7.

Magnetismus. Theoretische Physik III. Teil: Elektrizität u. Magnetismus. Von Dr. Gustav Jäger, Prof. an der Technischen Hochschule Wien. Mit 33 Abbildungen. Nr. 78.

Mälzerei. Brauereiwesen I: Mälzerei von Dr. P. Dreverhoff, Direktor d. Öffentliche nund 1. Sächs. Versuchsstation für Brauerei und Mälzerei, sowie der Brauer- und Mälzerschule zu Grimma. Nr. 303.

Maschinenbau, Die Kalkulation im, von Ingenieur H. Bethmann, Doz. am Technikum Altenburg. Mit 63 Abbildungen. Nr. 486.

— **Die Materialien des Maschinenbaues und der Elektrotechnik** von Ingenieur Prof. Hermann Wilda. Mit 3 Abbildungen. Nr. 476.

Maschinenelemente, Die. Kurzgefaßtes Lehrbuch mit Beispielen für das Selbststudium u. d. praktischen Gebrauch von Fr. Barth, Oberingen. in Nürnberg. Mit 86 Fig. Nr. 3.

Maschinenzeichnen, Praktisches, von Ing. Richard Schiffner in Warmbrunn. I: Grundbegriffe, Einfache Maschinenteile bis zu den Kuppelungen. Mit 60 Tafeln. Nr. 589.

— — II: Lager, Riemen- und Seilscheiben, Zahnräder, Kolbenpumpe. Mit 51 Tafeln. Nr. 590.

Maßanalyse von Dr. Otto Röhm in Darmstadt. Mit 14 Fig. Nr. 221.

Maß-, Münz- und Gewichtswesen von Dr. August Blind, Professor an der Handelsschule in Köln. Nr. 283.

Materialprüfungswesen. Einführung in die moderne Technik d. Materialprüfung von K. Memmler, Dipl.-Ingenieur, ständ. Mitarbeiter am Kgl. Material-Prüfungsamte zu Groß-Lichterfelde. I: Materialeigenschaften.— Festigkeitsversuche. — Hilfsmittel für Festigkeitsversuche. Mit 58 Figuren. Nr. 311.

— — II: Metallprüfung und Prüfung von Hilfsmaterialien d. Maschinenbaues. — Baumaterialprüfung. — Papierprüfung. — Schmiermittelprüfung. — Einiges über Metallographie. Mit 31 Fig. Nr. 312.

Mathematik, Geschichte der, von Dr. A. Sturm, Prof. am Obergymnasium in Seitenstetten. Nr. 226.

Mathematische Formelsammlung und Repetitorium der Mathematik, enthaltend die wichtigsten Formeln u. Lehrsätze d. Arithmetik, Algebra, algebraischen Analysis, ebenen Geometrie, Stereometrie, ebenen und sphärischen Trigonometrie, math. Geographie, analyt. Geometrie der Ebene und des Raumes, der Differential- und Integralrechnung von O. Th. Bürklen, Professor am Kgl. Realgymnasium in Schw.-Gmünd. Mit 18 Figuren. Nr. 51.

Maurer- und Steinhauerarbeiten von Prof. Dr. phil. und Dr.-Ing. Ed. Schmitt in Darmstadt. 3 Bändchen Mit vielen Abbild. Nr. 419—421.

Mechanik. Theoret. Physik I. Teil: Mechanik und Akustik. Von Dr. Gust. Jäger, Prof. an der Technischen Hochschule in Wien. Mit 19 Abbildungen. Nr. 76.

Mechanische Technologie von Geh. Hofrat Professor A. Lüdicke in Braunschweig. 2 Bändchen. Nr. 340, 341.

Mecklenburg. Landeskunde d. Großherzogtümer Mecklenburg u. der Freien u. Hansestadt Lübeck von Dr. Sebald Schwarz, Direktor der Realschule zum Dom in Lübeck. Mit 17 Abbild. im Text, 16 Taf. und 1 Karte in Lithographie. Nr. 487.

Mecklenburgische Geschichte von Oberlehrer Otto Vitense in Neubrandenburg i. M. Nr. 610.

Meereskunde, Physische, von Prof. Dr. Gerhard Schott, Abteilungsvorsteher bei d. Deutschen Seewarte in Hamburg. Mit 39 Abbildungen im Text und 8 Tafeln. Nr. 112.

Meeresströmungen. Luft- u. Meeresströmungen v. Dr. Franz Schulze, Dir. d. Navigationsschule zu Lübeck. Mit 27 Abbildungen und Tafeln. Nr. 551.

Menschliche Körper, Der, sein Bau u. seine Tätigkeiten von E. Rebmann, Oberschulrat in Karlsruhe. Mit Gesundheitslehre v. Dr. med. H. Seiler. Mit 47 Abbildgn. u. 1 Tafel. Nr. 18.

Metallographie. Kurze, gemeinfaßliche Darstellung der Lehre von den Metallen u. ihren Legierungen unter besond. Berücksichtigung der Metallmikroskopie v. Prof. E. Heyn u. Prof. O. Bauer a. Kgl. Materialprüfungsamt (Gr.-Lichterfelde) d. K. Techn. Hochschule zu Berlin. I: Allgem. Teil. Mit 45 Abb. im Text und 5 Lichtbildern auf 3 Tafeln. Nr. 432.

— — II: Spez. Teil. Mit 49 Abbildungen im Text und 37 Lichtbildern auf 19 Tafeln. Nr. 433.

Metallurgie von Dr. August Geitz in Kristianssand (Norwegen). I. II. Mit 21 Figuren. Nr. 313, 314.

Meteore. Astronomie. Größe, Bewegung u. Entfernung der Himmelskörper von A. F. Möbius, neu bearbeitet von Dr. Herm. Kobold, Prof. a. d. Univ. Kiel. II: Kometen, Meteore u. das Sternensystem. Mit 15 Fig. u. 2 Sternkarten. Nr. 529.

Meteorologie v. Dr. W. Trabert, Prof. an der Universität Wien. Mit 49 Abbild. u. 7 Tafeln. Nr. 54.

Militärstrafrecht von Dr. Max Ernst Mayer, Prof. an d. Univ. Straßburg i. E. 2 Bde. Nr. 371, 372.

Mineralogie von Geheimer Bergrat Dr. R. Brauns, Prof. an d. Univ. Bonn. Mit 132 Abbild. Nr. 29.

Minnesang und Spruchdichtung. Walther von der Vogelweide mit Auswahl aus Minnesang und Spruchdichtung. Mit Anmerkungen u. einem Wörterb. von O. Güntter, Prof. an d. Oberrealschule u. an d. Techn. Hochschule i. Stuttgart. Nr. 23.

Mittelhochdeutsche Dichtungen aus mittelhochdeutscher Frühzeit. In Auswahl mit Einleitg. u. Wörterbuch herausgeg. von Dr. Hermann Jantzen, Dir. d. Königin Luise-Schule i. Königsberg i. Pr. Nr. 137.

Mittelhochdeutsche Grammatik. Der Nibelunge Nôt in Auswahl und mittelhochdeutsche Grammatik mit kurz. Wörterb. v. Dr. W. Golther, Prof. a. d. Univ. Rostock. Nr. 1.

Morgenland. Geschichte des alten Morgenlandes v. Dr. Fr. Hommel, Prof. an d. Universität München. Mit 9 Bildern u. 1 Karte. Nr. 43.

Morphologie und Organographie der Pflanzen v. Prof. Dr. M. Nordhausen i. Kiel. M. 123 Abb. Nr. 141.

Mörtel. Die Industrie d. künstlichen Bausteine und des Mörtels von Dr. G. Rauter in Charlottenburg. Mit 12 Tafeln. Nr. 234.

Mundarten, Die deutschen, von Prof. Dr. H. Reis in Mainz. Nr. 605.

Mundarten, Plattdeutsche, von Dr. Hubert Grimme, Professor an der Univers. Münster i. W. Nr. 461.

Münzwesen. Maß-, Münz- und Gewichtswesen von Dr. Aug. Blind, Professor an der Handelsschule in Köln. Nr. 283.

Murner, Thomas. Martin Luther u. Thomas Murner. Ausgewählt u. m. Einleitungen u. Anmerk. versehen von Prof. G. Berlit, Oberlehrer am Nikolaigymnas. zu Leipzig. Nr. 7.

Musik, Geschichte der alten und mittelalterlichen, v. Dr. A. Möhler in Steinhaußen. 2 Bdch. Mit zahlr. Abb. u. Musikbeil. Nr. 121 u. 347.

Musikalische Akustik von Professor Dr. Karl L. Schäfer in Berlin. Mit 35 Abbildungen. Nr. 21.

Musikal. Formenlehre (Kompositionslehre) von Stephan Krehl. I. II. Mit viel. Notenbeisp. Nr. 149, 150.

Musikästhetik von Dr. Karl Grunsky in Stuttgart. Nr. 344.

Musikgeschichte des 17. und 18. Jahrhunderts von Dr. Karl Grunsky in Stuttgart. Nr. 239.

Musikgeschichte seit Beginn des 19. Jahrhunderts v. Dr. K. Grunsky in Stuttgart. I. II. Nr. 164, 165.

Musiklehre, Allgemeine, von Stephan Krehl in Leipzig. Nr. 220.

Nadelhölzer, Die, von Dr. F. W. Neger, Prof. an der Königl. Forstakademie zu Tharandt. Mit 85 Abbildungen, 5 Tabellen und 3 Karten. Nr. 355.

Nahrungsmittel. Ernährung u. Nahrungsmittel v. Oberstabsarzt Prof. H. Bischoff in Berlin. Mit 4 Abbildungen. Nr. 464.

Nautik. Kurzer Abriß d. täglich an Bord von Handelsschiffen angew. Teils d. Schiffahrtskunde. Von Dr. Franz Schulze, Dir. d. Navigationsschule zu Lübeck. Mit 56 Abbildgn. Nr. 84.

Neugriechisch-deutsches Gesprächsbuch mit besond. Berücksichtigung d. Umgangssprache v. Dr. Johannes Kalitsunakis, Doz. am Seminar für orient. Sprache in Berlin. Nr. 585.

Neunzehntes Jahrhundert. Geschichte des 19. Jahrhunderts von Oskar Jäger, o. Honorarprof. a. d. Univ. Bonn. 1. Bdch.: 1800—1852. Nr. 216.

— — 2. Bändchen: 1853 bis Ende des Jahrhunderts. Nr. 217.

Neutestamentliche Zeitgeschichte von Lic. Dr. W. Staerk, Prof. a. der Univ. in Jena. I: Der historische u. kulturgeschichtl. Hintergrund d. Urchristentums. M. 3 Karten. Nr. 325.

— — II: Die Religion d. Judentums im Zeitalter des Hellenismus und der Römerherrschaft. Mit 1 Planskizze. Nr. 326.

Nibelunge Nôt, Der, in Auswahl und mittelhochdeutsche Grammatik mit kurzem Wörterb. v. Dr. W. Golther, Prof. an der Univ. Rostock. Nr. 1.

Nordische Literaturgeschichte I: Die isländ. u. norweg. Literatur des Mittelalters v. Dr. Wolfg. Golther, Prof. an der Universität Rostock. Nr. 254.

Nutzpflanzen von Prof. Dr. J. Behrens, Vorst. d. Großherzogl. landwirtschaftl. Versuchsanst. Augustenberg. Mit 53 Figuren. Nr. 123.

Öle. Die Fette u. Öle sowie d. Seifen- u. Kerzenfabrikation u. d. Harze, Lacke, Firnisse mit ihren wichtigsten Hilfsstoffen von Dr. Karl Braun in Berlin. I: Einführung in d. Chemie, Besprechung einiger Salze u. der Fette und Öle. Nr. 335.

Öle und Riechstoffe, Ätherische, von Dr. F. Rochussen in Miltitz. Mit 9 Abbildungen. Nr. 446.

Optik. Einführung in d. geometrische Optik von Dr. W. Hinrichs in Wilmersdorf-Berlin. Nr. 532.

Orientalische Literaturen. Die Literaturen des Orients von Dr. M. Haberlandt, Privatdoz. an d. Universität Wien. **I:** Die Literaturen Ostasiens und Indiens. Nr. 162.

— — **II:** Die Literaturen d. Perser, Semiten und Türken. Nr. 163.

— **Die christlichen Literaturen des Orients** von Dr. Ant. Baumstark. I: Einleitg. — Das christl.-aramäische u. d. kopt. Schrifttum. Nr. 527.

— — **II:** Das christlich-arabische und das äthiopische Schrifttum. — Das christliche Schrifttum der Armenier und Georgier. Nr. 528.

Ortsnamen im Deutschen, Die, ihre Entwicklung u. ihre Herkunft von Dr. Rudolf Kleinpaul in Leipzig-Gohlis. Nr. 573.

Ostafrika. (Die deutsch. **Kolonien** III) von Prof. Dr. K. Dove. Mit 16 Taf. u. 1 lithogr. Karte. Nr. 567.

Österreich. Österreichische Geschichte von Prof. Dr. Franz v. Krones, neubearb. von Dr. Karl Uhlirz, Prof. a. d. Univ. Graz. **I:** Von d. Urzeit b. z. Tode König Albrechts II. (1439). Mit 11 Stammtaf. Nr. 104.

— — **II:** Vom Tode König Albrechts II. bis z. Westf. Frieden (1440—1648). Mit 3 Stammtafeln. Nr. 105.

— **Landeskunde v. Österreich-Ungarn** von Dr. Alfred Grund, Prof. an d. Universität Prag. Mit 10 Textillustrationen u. 1 Karte. Nr. 244.

Ovidius Naso, Die Metamorphosen des. In Auswahl mit einer Einleit. u. Anmerk. herausgeg. v. Dr. Jul. Ziehen in Frankfurt a. M. Nr. 442.

Pädagogik im Grundriß von Professor Dr. W. Rein, Direktor d. Pädagog. Seminars a. d. Univ. Jena. Nr. 12.

— **Geschichte der,** von Oberlehrer Dr. H. Weimer in Wiesbaden. Nr. 145.

Paläogeographie. Geolog. Geschichte der Meere und Festländer von Dr. Franz Kossmat in Wien. Mit 6 Karten. Nr. 406.

Paläoklimatologie von Dr. Wilh. R. Eckardt i. Weilburg (Lahn). Nr. 482.

Paläontologie von Dr. Rud. Hoernes, Professor an der Universität Graz. Mit 87 Abbildungen. Nr. 95.

— **und Abstammungslehre** von Dr. Karl Diener, Prof. an der Univers. Wien. Mit 9 Abbild. Nr. 460.

Palästina. Landes- und Volkskunde Palästinas von Lic. Dr. Gustav Hölscher in Halle. Mit 8 Vollbildern und 1 Karte. Nr. 345.

Parallelperspektive. Rechtwinklige u. schiefwinklige Axonometrie v. Prof. J. Vonderlinn in Münster. Mit 121 Figuren. Nr. 260.

Personennamen, Die deutschen, v. Dr. Rud. Kleinpaul in Leipzig. Nr. 422.

Petrographie v. Dr. W. Bruhns, Prof. an der Bergakademie Clausthal. Mit 15 Abbildungen. Nr. 173.

Pflanze, Die, ihr Bau und ihr Leben von Prof. Dr. E. Dennert. Mit 96 Abbildungen. Nr. 44.

Pflanzenbaulehre. Ackerbau- und Pflanzenbaulehre von Dr. Paul Rippert in Essen u. Ernst Langenbeck in Groß-Lichterfelde. Nr. 232.

Pflanzenbiologie v. Dr. W. Migula, Professor an d. Forstakademie Eisenach. I: Allgemeine Biologie. Mit 43 Abbildungen. Nr. 127.

Pflanzenernährung. Agrikulturchemie I: Pflanzenernährung v. Dr. Karl Grauer. Nr. 329.

Pflanzengeographie von Professor Dr. Ludwig Diels in Marburg (Hessen). Nr. 389.

Pflanzenkrankheiten von Dr. Werner Friedr. Bruck, Privatdoz. i. Gießen. Mit 1 farb. Tafel und 45 Abbildgn. Nr. 310.

Pflanzenmorphologie. Morphologie u. Organographie d. Pflanzen von Prof. Dr. M. Nordhausen in Kiel. Mit 123 Abbildungen. Nr. 141.

Pflanzenphysiologie von Dr. Adolf Hansen, Prof. an der Universität Gießen. Mit 43 Abbild. Nr. 591.

Pflanzenreichs, Die Stämme des, von Privatdoz. Dr. Rob. Pilger, Kustos am Kgl. Botan. Garten in Berlin-Dahlem. Mit 22 Abb. Nr. 485.

Pflanzenwelt, Die, der Gewässer von Dr. W. Migula, Prof. a. d. Forstak. Eisenach. Mit 50 Abb. Nr. 158.

Pflanzenzellenlehre. Zellenlehre und Anatomie der Pflanzen von Prof. Dr. H. Miehe in Leipzig. Mit 79 Abbildungen. Nr. 556.

Pharmakognosie. Von Apotheker F. Schmitthenner, Assist. a. Botan. Institut d. Techn. Hochschule Karlsruhe. Nr. 251.

Pharmazeutische Chemie von Privatdozent Dr. E. Mannheim in Bonn. 3 Bändchen. Nr. 543/44 u. 588.

Philologie, Geschichte d. klassischen, v. Dr. Wilh. Kroll, ord. Prof. a. d. Univ. Münster in Westf. Nr. 367.

Philosophie, Einführung in die, von Dr. Max Wentscher, Professor an der Universität Bonn. Nr. 281.

Philosophie, Gesch. der, IV: Neuere Philosophie bis Kant von Dr. B. Bauch, Professor an der Universität Jena. Nr. 394.

— — **V: Immanuel Kant** von Dr. Bruno Bauch, Professor an d. Universität Jena. Nr. 536.

Philosophie, Geschichte der, VI: Die Philosophie im ersten Drittel des 19. Jahrhunderts von Arthur Drews, Prof. der Philosophie an d. Techn. Hochschule in Karlsruhe. Nr. 571.

— **Hauptprobleme der,** v. Dr. Georg Simmel, Professor an der Universität Berlin. Nr. 500.

— **Psychologie und Logik zur Einf. in** d. Philosophie von Prof. Dr. Th. Elsenhans. Mit 13 Fig. Nr. 14.

Photographie, Die. Von H. Keßler, Prof. an d. k. k. Graphischen Lehr- und Versuchsanstalt in Wien. Mit 3 Taf. und 42 Abbild. Nr. 94.

Physik, Theoretische, von Dr. Gustav Jäger, Prof. der Physik an der Techn. Hochschule in Wien. I. Teil: Mechanik und Akustik. Mit 24 Abbildungen. Nr. 76.

— — II. Teil: Licht u. Wärme. Mit 47 Abbildungen. Nr. 77.

— — III. Teil: Elektrizität u. Magnetismus. Mit 33 Abbild. Nr. 78.

— — IV. Teil: Elektromagnet. Lichttheorie und Elektronik. Mit 21 Fig. Nr. 374.

— **Geschichte der,** v. Prof. A. Kistner in Wertheim a. M. I: Die Physik bis Newton. Mit 13 Fig. Nr. 293.

— — II: Die Physik von Newton bis z. Gegenwart. Mit 3 Fig. Nr. 294.

Physikalisch-Chemische Rechenaufgaben von Prof. Dr. R. Abegg und Privatdozent Dr. O. Sackur, beide an der Univ. Breslau. Nr. 445.

Physikalische Aufgabensammlung von G. Mahler, Prof. der Mathematik u. Physik am Gymnasium in Ulm. Mit den Resultaten. Nr. 243.

Physikalische Formelsammlung von G. Mahler, Prof. am Gymnasium in Ulm. Mit 65 Fig. Nr. 136.

Physikalische Messungsmethoden von Dr. Wilh. Bahrdt, Oberlehrer an d. Oberrealschule in Groß-Lichterfelde. Mit 49 Figuren. Nr. 301.

Physiologische Chemie von Dr. med. A. Legahn in Berlin. I: Assimilation. Mit 2 Tafeln. Nr. 240.

Physische Geographie von Dr. Siegm. Günther, Prof. an der Kgl. Techn. Hochschule in München. Mit 32 Abbildungen. Nr. 26.

Physische Meereskunde von Prof. Dr. Gerh. Schott, Abteilungsvorst. b. d. Deutschen Seewarte in Hamburg. Mit 39 Abbildungen im Text und 8 Tafeln. Nr. 112.

Pilze, Die. Eine Einführung in die Kenntnis ihrer Formenreihen von Prof. Dr. G. Lindau in Berlin. Mit 10 Figurengruppen i. Text. Nr. 574.

Planetensystem. Astronomie (Größe, Bewegung u. Entfernung d. Himmelskörper) von A. F. Möbius, neu bearb. von Dr. Herm. Kobold, Prof. a. d. Univ. Kiel. I: Das Planetensystem. Mit 33 Abbild. Nr. 11.

Plastik, Die, des Abendlandes von Dr. Hans Stegmann, Direktor des Bayer. Nationalmuseums in München. Mit 23 Tafeln. Nr. 116.

— **Die, seit Beginn des 19. Jahrhunderts** von A. Heilmeyer in München. Mit 41 Vollbildern. Nr. 321.

Plattdeutsche Mundarten von Dr. Hub. Grimme, Professor an der Universität Münster i. W. Nr. 461.

Poetik, Deutsche, v. Dr. K. Borinski, Prof. a. d. Univ. München. Nr. 40.

Polarlicht. Erdmagnetismus, Erdstrom u. Polarlicht von Dr. A. Nippoldt, Mitglied des Kgl. Preuß. Meteorolog. Instituts zu Potsdam. Mit 15 Abb. und 7 Taf. Nr. 175.

Polnische Geschichte von Dr. Clemens Brandenburger in Posen. Nr. 338.

Pommern. Landeskunde von Pommern von Dr. W. Deecke, Prof. an der Universität Freiburg i. B. Mit 10 Abb. und Karten im Text und 1 Karte in Lithographie. Nr. 575.

Portugiesische Literaturgeschichte von Dr. Karl von Reinhardstoettner, Professor an der Kgl. Techn. Hochschule München. Nr. 213.

Posamentiererei. Textil-Industrie II: Weberei, Wirkerei, Posamentiererei, Spitzen- und Gardinenfabrikation und Filzfabrikation v. Prof. Max Gürtler, Geh. Regierungsrat im Kgl. Landesgewerbeamt zu Berlin. Mit 29 Fig. Nr. 185.

Postrecht von Dr. Alfred Wolcke, Postinspektor in Bonn. Nr. 425.

Preßluftwerkzeuge, Die, von Diplom-Ing. P. Iltis, Oberlehrer an der Kais. Techn. Schule in Straßburg. Mit 82 Figuren. Nr. 493.

Preußische Geschichte. Brandenburgisch-Preußische Geschichte v. Prof. Dr. M. Thamm, Direktor d. Kaiser Wilhelms-Gymnasiums in Montabaur. Nr. 600.

Preußisches Staatsrecht von Dr. Fritz Stier-Somlo, Prof. an der Univ. Bonn. 2 Teile. Nr. 298, 299.

Psychiatrie, Forensische, von Professor Dr. W. Weygandt, Dir. der Irrenanstalt Friedrichsberg in Hamburg. 2 Bändchen. Nr. 410 und 411.

Psychologie und Logik zur Einführung in d. Philosophie v. Prof. Dr. Th. Elsenhans. Mit 13 Fig. Nr. 14.

Psychophysik, Grundriß der, v. Prof. Dr. G. F. Lipps in Zürich. Mit 3 Figuren. Nr. 98.

Pumpen, Druckwasser- und Druckluft-Anlagen. Ein kurzer Überblick von Dipl.-Ing. Rudolf Vogdt, Regierungsbaumeister a. D. in Aachen. Mit 87 Abbildungen. Nr. 290.

Quellenkunde d. deutschen Geschichte von Dr. Carl Jacob, Prof. an der Universität Tübingen. 1. Band. Nr. 279.

Radioaktivität von Dipl.-Ing. Wilh. Frommel. Mit 21 Abbildungen. Nr. 317.

Rechnen, Das, in der Technik u. seine Hilfsmittel (Rechenschieber, Rechentafeln, Rechenmaschinen usw.) von Ing. Joh. Eug. Mayer in Freiburg i. Br. Mit 30 Abbild. Nr. 405.

— **Kaufmännisches,** von Prof. Richard Just, Oberlehrer an der Öffentlichen Handelslehranstalt der Dresdener Kaufmannschaft. I. II. III. Nr. 139, 140, 187.

Recht des Bürgerlichen Gesetzbuchs. Erstes Buch: Allg. Teil I: Einleitung — Lehre v. d. Personen u. v. d. Sachen v. Dr. P. Oertmann, Prof. a. d. Univ. Erlangen. Nr. 447.

— — II: Erwerb u. Verlust, Geltendmachung u. Schutz der Rechte von Dr. Paul Oertmann, Professor an der Universität Erlangen. Nr. 448.

— Zweites Buch: Schuldrecht. I. Abteilung: Allgemeine Lehren von Dr. Paul Oertmann, Professor an der Universität Erlangen. Nr. 323.

— — II. Abt.: Die einzelnen Schuldverhältnisse v. Dr. Paul Oertmann, Prof. an der Universität Erlangen. Nr. 324.

Recht des Bürgerlichen Gesetzbuchs. Drittes Buch: Sachenrecht von Dr. F. Kretzschmar, Oberlandesgerichtsrat in Dresden. I: Allgem. Lehren. Besitz und Eigentum. Nr. 480.
— — II: Begrenzte Rechte. Nr. 481.
— **Viertes Buch:** Familienrecht von Dr. Heinrich Titze, Professor an der Universität Göttingen. Nr. 305.
Rechtsgeschichte, Römische, von Dr. Robert von Mayr, Prof. an der Deutschen Univers. Prag. 1. Buch: Die Zeit d. Volksrechtes. 1. Hälfte: Das öffentliche Recht. Nr. 577.
— — 2. Hälfte: Das Privatrecht. Nr. 578.
Rechtsschutz, Der internationale gewerbliche, von J. Neuberg, Kaiserl. Regierungsrat, Mitglied d. Kaiserl. Patentamts zu Berlin. Nr. 271.
Rechtswissenschaft, Einführung in die, von Dr. Theodor Sternberg in Berlin. I: Methoden- und Quellenlehre. Nr. 169.
— — II: Das System. Nr. 170.
Redelehre, Deutsche, v. Hans Probst, Gymnasialprof. in Bamberg. Nr. 61.
Redeschrift siehe: Stenographie.
Reichsfinanzen, Die Entwicklung der, von Präsident Dr. R. van der Borght in Berlin. Nr. 427.
Religion, Die Entwicklung der christlichen, innerhalb des Neuen Testaments von Professor Dr. Lic. Carl Clemen. Nr. 388.
— **Die, des Judentums** im Zeitalter des Hellenismus u. d. Römerherrschaft von Lic. Dr. W. Staerk (Neutestamentl. Zeitgeschichte II.) Mit einer Planskizze. Nr. 326.
Religionen der Naturvölker, Die, von Dr. Th. Achelis, Professor in Bremen. Nr. 449.
Religionswissenschaft, Abriß der vergleichenden, von Professor Dr. Th. Achelis in Bremen. Nr. 208.
Renaissance. Die Kultur der Renaissance. Gesittung, Forschung, Dichtung v. Dr. Robert F. Arnold, Prof. a. d. Univers. Wien. Nr. 189.
Reptilien. Das Tierreich III: Reptilien und Amphibien. Von Dr. Franz Werner, Prof. a. d. Univers. Wien. Mit 48 Abb. Nr. 383.
Rheinprovinz, Landeskunde der, von Dr. V. Steinecke, Direktor d. Realgymnasiums in Essen. Mit 9 Abb., 3 Kärtchen und 1 Karte. Nr. 308.
Riechstoffe. Ätherische Öle und Riechstoffe von Dr. F. Rochussen in Miltitz. Mit 9 Abb. Nr. 446.
Roman. Geschichte des deutschen Romans von Dr. Hellm. Mielke. Nr. 229.
Romanische Sprachwissenschaft von Dr. Adolf Zauner, Prof. a. d. Univ. Graz. 2 Bände. Nr. 128, 250.
Römische Altertumskunde von Dr. Leo Bloch in Wien. M. 8 Vollb. Nr. 45.
Römische Geschichte von Realgymnasial-Direktor Dr. Jul. Koch in Grunewald. Nr. 19.
Römische Literaturgeschichte von Dr. Herm. Joachim in Hamburg. Nr. 52.
Römische und griechische Mythologie von Professor Dr. Hermann Steuding, Rektor des Gymnasiums in Schneeberg. Nr. 27.
Rußland. Russische Geschichte von Dr. Wilh. Reeb, Oberlehrer am Ostergymnasium in Mainz. Nr. 4.
— **Landeskunde des Europäischen Rußlands nebst Finnlands** von Professor Dr. A. Philippson in Halle a. S. Nr. 359.
Russisch-Deutsches Gesprächsbuch von Dr. Erich Berneker, Professor an der Universität München. Nr. 68.
Russische Grammatik von Dr. Erich Berneker, Professor an der Universität München. Nr. 66.
Russische Handelskorrespondenz von Dr. Theodor von Kawraysky in Leipzig. Nr. 315.
Russisches Lesebuch mit Glossar von Dr. Erich Berneker, Professor an der Universität München. Nr. 67.
Russische Literatur von Dr. Erich Boehme, Lektor a. d. Handelshochschule Berlin. I. Teil: Auswahl moderner Prosa u. Poesie mit ausführlichen Anmerkungen u. Akzentbezeichnung. Nr. 403.
— — II. Teil: Всеволодъ Гаршинъ, Разсказы. Mit Anmerkungen und Akzentbezeichnungen. Nr. 404.
Russische Literaturgeschichte von Dr. Georg Polonskij in München. Nr. 166.
Russisches Vokabelbuch, Kleines, von Dr. Erich Boehme, Lektor an der Handelshochschule Berlin. Nr. 475.

Sachenrecht. Recht d. Bürgerl. Gesetzbuches. Drittes Buch: Sachenrecht von Dr. F. Kretzschmar, Oberlandesgerichtsrat i. Dresden. **I:** Allgemeine Lehren. Besitz u. Eigentum.
— — **II:** Begrenzte Rechte. Nr. 480, 481.

Sachs, Hans. Ausgewählt u. erläut. v. Prof. Dr. Julius Sahr. Nr. 24.

Sachsen. Sächsische Geschichte v. Prof. Otto Kaemmel, Rektor d. Nikolaigymnasiums zu Leipzig. Nr. 100.
— **Landeskunde des Königreichs Sachsen** v. Dr. J. Zemmrich, Oberlehrer am Realgymnas. in Plauen. Mit 12 Abb. u. 1 Karte. Nr. 258.

Säugetiere. Das Tierreich I: Säugetiere von Oberstudienrat Prof. Dr. Kurt Lampert, Vorsteher des Kgl. Naturalienkabinetts in Stuttgart. Mit 15 Abbildungen. Nr. 282.

Schattenkonstruktionen von Professor J. Vonderlinn in Münster. Mit 114 Figuren. Nr. 236.

Schiffs- und Küstenartillerie bis zur Gegenwart, Die Entwicklung der, von Korvettenkapitän Huning. Mit Abbild. und Tabellen. Nr. 606.

Schleswig-Holstein. Landeskunde von Schleswig-Holstein, Helgoland u. der freien und Hansestadt Hamburg von Dr. Paul Hambruch, Abteilungsvorsteher am Museum für Völkerkunde in Hamburg. Mit Abb. Plänen, Profilen und 1 Karte in Lithographie. Nr. 563.

Schleusenbau. Kanal- u. Schleusenbau von Regierungsbaumeister Otto Rappold in Stuttgart. Mit 78 Abbildungen. Nr. 585.

Schmalspurbahnen (Klein-, Arbeits- u. Feldbahnen) v. Dipl.-Ing. Aug. Boshart in Nürnberg. Mit 99 Abbildungen. Nr. 524.

Schmarotzer und Schmarotzertum in der Tierwelt. Erste Einführung in die tierische Schmarotzerkunde von Dr. Franz v. Wagner, a.o. Prof. a. d. Univ. Graz. Mit 67 Abb. Nr. 151.

Schreiner-Arbeiten Tischler-. (Schreiner-) Arbeiten I: Materialien, Handwerkszeuge, Maschinen, Einzelverbindungen, Fußböden, Fenster, Fensterladen, Treppen, Aborte von Prof. E. Viehweger, Architekt in Köln. Mit 628 Fig. auf 75 Tafeln. Nr. 502.

Schuldrecht. Recht des Bürgerl. Gesetzbuches. Zweites Buch: Schuldrecht. I. Abteilung: Allgemeine Lehren von Dr. Paul Oertmann, Prof. a.d. Univ. Erlangen. Nr. 323.
— — II. Abteilung: Die einzelnen Schuldverhältnisse von Dr. Paul Oertmann, Professor a. d. Universität Erlangen. Nr. 324.

Schule, die deutsche, im Auslande von Hans Amrhein, Seminar-Oberlehrer in Rheydt. Nr. 259.

Schulhaus. Die Baukunst des Schulhauses von Prof. Dr.-Ing. Ernst Vetterlein in Darmstadt. I: Das Schulhaus. Mit 38 Abbild. II: Die Schulräume — Die Nebenanlagen. Mit 31 Abbild. Nr. 443 und 444.

Schulpraxis. Methodik d. Volksschule von Dr. R. Seyfert, Seminardirektor in Zschopau. Nr. 50.

Schwedisch-deutsches Gesprächsbuch von Johannes Neuhaus, Dozent der neunordischen Sprachen an der Universität Berlin. Nr. 555.

Schwedisches Lesebuch zur Einführung in die Kenntnis des heutig. Schwedens mit Wörterverzeichnis von Johannes Neuhaus, Dozent der neunordischen Sprachen an der Universität Berlin. Nr. 554.

Schweiß- und Schneidverfahren, Das autogene, von Ingenieur Hans Niese in Kiel. Mit 30 Fig. Nr. 499.

Schweiz. Schweizerische Geschichte von Dr. K. Dändliker, Professor an der Universität Zürich. Nr. 188.
— **Landeskunde der Schweiz** von Prof. Dr. H. Walser in Bern. Mit 16 Abb. und 1 Karte. Nr. 398.

Schwimmanstalten. Öffentl. Bade- und Schwimmanstalten von Dr. Karl Wolff, Stadt-Oberbaurat in Hannover. Mit 50 Fig. Nr. 380.

Seemacht, Die, in der deutschen Geschichte von Wirkl. Admiralitätsrat Dr. Ernst von Halle, Professor an der Universität Berlin. Nr. 370.

Seerecht, Das deutsche, von Dr. Otto Brandis, Oberlandesgerichtsrat in Hamburg. **I:** Allgemeine Lehren: Personen und Sachen des Seerechts. Nr. 386.
— — **II:** Die einzelnen seerechtlichen Schuldverhältnisse: Verträge des Seerechts und außervertragliche Haftung. Nr. 387.

Seifenfabrikation, Die, die Seifenanalyse und d. Kerzenfabrikation v. Dr. Karl Braun in Berlin. (Die Fette u. Öle II.) Mit 25 Abbildgn. Nr. 336.

Semitische Sprachwissenschaft von Dr. C. Brockelmann, Professor an der Univers. Königsberg. Nr. 291.

Silikate. Industrie der Silikate, der künstlichen Bausteine und des Mörtels von Dr. Gustav Rauter in Charlottenburg. I: Glas u. keramische Industrie. M. 12 Taf. Nr. 233.

— — II: Die Industrie der künstlichen Bausteine und des Mörtels. Mit 12 Tafeln. Nr. 234.

Simplicius Simplicissimus von Hans Jakob Christoffel v. Grimmelshausen. In Auswahl herausgeg. von Prof. Dr. F. Bobertag, Dozent an der Universität Breslau. Nr. 138.

Skandinavien, Landeskunde von, (Schweden, Norwegen u. Dänemark) von Heinrich Kerp, Kreisschulinspektor in Kreuzburg. Mit 11 Abb. und 1 Karte. Nr. 202.

Slawische Literaturgeschichte von Dr. Josef Karásek in Wien. I: Ältere Literatur bis zur Wiedergeburt. Nr. 277.

— — II: Das 19. Jahrh. Nr. 278.

Soziale Frage. Die Entwicklung der sozialen Frage von Professor Dr. Ferdin. Tönnies. Nr. 353.

Sozialversicherung von Prof. Dr. Alfred Manes in Berlin. Nr. 267.

Soziologie von Prof. Dr. Thomas Achelis in Bremen. Nr. 101.

Spanien. Spanische Geschichte von Dr. Gustav Diercks. Nr. 266.

— **Landeskunde der Iberischen Halbinsel** v. Dr. Fritz Regel, Prof. an der Univ. Würzburg. Mit 8 Kärtchen und 8 Abbild. im Text und 1 Karte in Farbendruck. Nr. 235.

Spanische Handelskorrespondenz von Dr. Alfredo Nadal de Mariezcurrena. Nr. 295.

Spanische Literaturgeschichte v. Dr. Rud. Beer, Wien. I. II. Nr. 167, 168.

Speicher, Industrielle und gewerbliche Bauten (Speicher, Lagerhäuser u. Fabriken) v. Architekt Heinr. Salzmann in Düsseldorf. II: Speicher u. Lagerhäuser. Mit 123 Fig. Nr. 512.

Spinnerei. Textilindustrie I: Spinnerei und Zwirnerei von Prof. Max Gürtler, Geh. Regierungsrat im Königl. Landesgewerbeamt zu Berlin. Mit 39 Figuren. Nr. 184.

Spitzenfabrikation. Textilindustrie II: Weberei, Wirkerei, Posamentiererei, Spitzen- und Gardinenfabrikat. u. Filzfabrikation von Prof. Max Gürtler, Geh. Regierungsrat im Kgl. Landesgewerbeamt zu Berlin. Mit 29 Fig. Nr. 185.

Spruchdichtung. Walther von der Vogelweide mit Auswahl aus Minnesang und Spruchdichtung. Mit Anmerkgn. u. einem Wörterbuch v. Otto Güntter, Prof. a. d. Oberrealschule u. an der Technischen Hochschule in Stuttgart. Nr. 23.

Staatslehre, Allgemeine, von Dr. Hermann Rehm, Prof. a. d. Universität Straßburg i. E. Nr. 358.

Staatsrecht, Allgemeines, von Dr. Julius Hatschek, Prof. d. Rechte an der Universität Göttingen. 3 Bändchen. Nr. 415—417.

Staatsrecht, Preußisches, von Dr. Fritz Stier-Somlo, Prof. a. d. Universität Bonn. 2 Teile. Nr. 298, 299.

Stammeskunde, Deutsche, von Dr. Rudolf Much, a. o. Prof. a. d. Univ. Wien. M. 2 Kart. u. 2 Taf. Nr. 126.

Statik von W. Hauber, Dipl.-Ing. I. Teil: **Die Grundlehren der Statik starrer Körper.** Mit 82 Fig. Nr. 178.

— — II. Teil: **Angewandte Statik.** Mit 61 Figuren. Nr. 179.

—, **Graphische,** von Kgl. Oberlehrer Dipl.-Ing. Otto Henkel in Rendsburg. Mit vielen Figuren. Nr. 603.

Steinhauerarbeiten. Maurer- und Steinhauerarbeiten von Prof. Dr. phil. und Dr.-Ing. Eduard Schmitt in Darmstadt. 3 Bändchen. Mit vielen Abbildungen. Nr. 419—421.

Stenographie. Geschichte der Stenographie von Dr. Arthur Mentz in Königsberg i. Pr. Nr. 501.

Stenographie n. d. System v. F. X. Gabelsberger von Dr. Albert Schramm, Landesamtsassessor in Dresden. Nr. 246.

— **Die Redeschrift des Gabelsbergerschen Systems** von Dr. Albert Schramm, Landesamtsassessor in Dresden. Nr. 368.

Stenographie. Lehrbuch d. Vereinfachten Deutschen Stenographie (Einig.-System Stolze-Schrey) nebst Schlüssel, Lesestücken u. einem Anhang v. Dr. Amsel, Studienrat d. Kadettenkorps in Bensberg. Nr. 86.

— **Redeschrift.** Lehrbuch der Redeschrift d. Systems Stolze-Schrey nebst Kürzungsbeisp., Lesestücken, Schlüssel und einer Anleitung zur Steigerung der stenographischen Fertigkeit von Heinrich Dröse, amtl. bad. Landtagsstenograph in Karlsruhe (B.). Nr. 494.

Stereochemie von Dr. E. Wedekind, Prof. an der Universität Tübingen. Mit 34 Abbildungen. Nr. 201.

Stereometrie von Dr. R. Glaser in Stuttgart. Mit 66 Fig. Nr. 97.

Sternsystem. Astronomie. Größe, Bewegung u. Entfernung d. Himmelskörper v. A. F. Möbius, neu bearb. v. Dr. Herm. Kobold, Prof. a. d. Univers. Kiel. II: Kometen, Meteore u. das Sternsystem. Mit 15 Fig. u. 2 Sternkarten. Nr. 529.

Steuersysteme des Auslandes, Die, v. Geh. Oberfinanzrat O. Schwarz in Berlin. Nr. 426.

Stilkunde v. Prof. Karl Otto Hartmann in Stuttgart. Mit 7 Vollbild. u. 195 Textillustrationen. Nr. 80.

Stöchiometrische Aufgabensammlung von Dr. Wilh. Bahrdt, Oberl. an d. Oberrealschule in Groß-Lichterfelde. Mit den Resultaten. Nr. 452.

Straßenbahnen von Dipl.-Ing. Aug. Boshart in Nürnberg. Mit 72 Abbildungen. Nr. 559.

Strategie von Löffler, Major im Kgl. Sächs. Kriegsmin. i. Dresd. Nr. 505.

Ströme und Spannungen in Starkstromnetzen v. Jos. Herzog, Dipl.-Elektroing. in Budapest u. Clarence Feldmann, Prof. d. Elektotechnik in Delft. Mit 68 Abb. Nr. 456.

Südseegebiet. Die deutschen Kolonien II: Das Südseegebiet und Kiautschou v. Prof. Dr. K. Dove. M. 16 Taf. u. 1 lith. Karte. Nr. 520.

Talmud. Die Entstehung des Talmuds von Dr. S. Funk in Boskowitz. Nr. 479.

Talmudproben von Dr. S. Funk in Boskowitz. Nr. 583.

Technisch-Chemische Analyse von Dr. G. Lunge, Prof. a. d. Eidgenöss. Polytechn. Schule in Zürich. Mit 16 Abbildungen. Nr. 195.

Technische Tabellen und Formeln von Dr.-Ing. W. Müller, Dipl.-Ing. am Kgl. Materialprüfungsamt zu Groß-Lichterfelde. Mit 106 Figuren. Nr. 579.

Technisches Wörterbuch, enthaltend die wichtigsten Ausdrücke d. Maschinenbaues, Schiffsbaues u. d. Elektrotechnik von Erich Krebs in Berlin. I. Teil: Dtsch.-Engl. Nr. 395.

— — II. Teil: Engl.-Dtsch. Nr. 396.

— — III. Teil: Dtsch.-Franz. Nr. 453.

— — IV. Teil: Franz.-Dtsch. Nr. 454.

Technologie, Allgemeine chemische, v. Dr. Gust. Rauter in Charlottenburg Nr. 113.

— **Mechanische,** v. Geh. Hofrat Prof. A. Lüdicke in Braunschweig. Nr. 340, 341.

Teerfarbstoffe, Die, mit bes. Berücksichtig. der synthetisch. Methoden v. Dr. Hans Bucherer, Prof. a. d. Kgl. Techn. Hochschule, Dresd. Nr. 214.

Telegraphenrecht v. Postinspektor Dr. jur. Alfred Wolcke in Bonn. I: Einleitung. Geschichtliche Entwicklung. Die Stellung d. deutsch. Telegraphenwesens im öffentl. Rechte, allgemeiner Teil. Nr. 509.

— — **II:** Die Stellung d. deutsch. Telegraphenwesens im öffentl. Rechte, besonderer Teil. Das Telegraphen-Strafrecht. Rechtsverhältnis d. Telegraphie z. Publikum. Nr. 510.

Telegraphie, Die elektrische, v. Dr. Lud. Rellstab. Mit 19 Fig. Nr. 172.

Testament. Die Entstehung des Alten Testaments v. Lic. Dr. W. Staerk, Prof. a. d. Univ. Jena. Nr. 272.

— **Die Entstehung des Neuen Testaments** v. Prof. Lic. Dr. Carl Clemen in Bonn. Nr. 285.

Textilindustrie. I: Spinnerei und Zwirnerei v. Prof. Max Gürtler, Geh. Reg.-Rat im Kgl. Landesgewerbeamt, Berlin. Mit 39 Figuren. Nr. 184.

— **II: Weberei, Wirkerei, Posamentiererei, Spitzen- und Gardinenfabrikation und Filzfabrikation** v. Prof. M. Gürtler, Geh. Regierungsrat i. Kgl. Landesgewerbeamt zu Berlin. M. 29 Fig. Nr. 185.

Textilindustrie. III: Wäscherei, Bleicherei, Färberei und ihre Hilfsstoffe von Dr. Wilh. Massot, Prof. a. d. Preuß. höheren Fachschule f. Textilindustr. in Krefeld. Mit 28 Fig. Nr. 186.

Thermodynamik (Technische Wärmelehre) v. K. Walther u. M. Röttinger, Dipl.-Ing. M. 54 Fig. Nr. 242.

— **Die thermodynamischen Grundlagen der Wärmekraft- und Kältemaschinen** v. M. Röttinger, Dipl.-Ing. in Mannheim. Nr. 2.

Thüringische Geschichte v. Dr. Ernst Devrient in Leipzig. Nr. 352.

Tierbiologie. Abriß der Biologie der Tiere v. Dr. Heinrich Simroth, Prof a. d. Univ. Leipzig. Nr. 131.

Tiere, Entwicklungsgeschichte der, von Dr. Johs. Meisenheimer, Prof. der Zoologie a. d. Universität Jena. I: Furchung, Primitivanlagen, Larven, Formbildung, Embryonalhüllen. Mit 48 Fig. Nr. 378.

— — II: Organbild. Mit 46 Figuren. Nr. 379.

Tiergeographie v. Dr. Arnold Jacobi, Professor der Zoologie a. d. Kgl. Forstakademie zu Tharandt. Mit 2 Karten. Nr. 218.

Tierkunde von Dr. Franz v. Wagner, Prof. a. d. Universität Graz. Mit 78 Abbildungen. Nr. 60.

Tierreich, Das, I: Säugetiere v. Oberstudienr. Prof. Dr. Kurt Lampert, Vorst. d. Kgl. Naturalienkabinetts in Stuttgart. M. 15 Abb. Nr. 282.

— **III: Reptilien und Amphibien** von Dr. Franz Werner, Prof. a. d. Univ. Wien. Mit 48 Abb. Nr. 383.

— **IV: Fische** von Prof. Dr. Max Rauther in Neapel. Nr. 356.

— **V: Insekten** von Dr. J. Groß in Neapel (Stazione Zoologica). Mit 56 Abbildungen. Nr. 594.

— **VI: Die wirbellosen Tiere** von Dr. Ludw. Böhmig, Prof. d. Zool. a. d. Univ. Graz. I: Urtiere, Schwämme, Nesseltiere, Rippenquallen und Würmer. Mit 74 Fig. Nr. 439.

— — II: Krebse, Spinnentiere, Tausendfüßer, Weichtiere, Moostierchen, Armfüßer, Stachelhäuter und Manteltiere. M. 97 Fig. Nr. 440.

Tierzuchtlehre, Allgemeine und spezielle, von Dr. Paul Rippert in Essen. Nr. 228.

Tischler- (Schreiner-) Arbeiten I: Materialien, Handwerkszeuge, Maschinen, Einzelverbindungen, Fußböden, Fenster, Fensterladen, Treppen, Aborte von Prof. E. Viehweger, Architekt in Köln. Mit 628 Figuren auf 75 Tafeln. Nr. 502.

Togo. Die deutschen Kolonien I: Togo und Kamerun von Prof. Dr. Karl Dove. Mit 16 Tafeln und einer lithographischen Karte. Nr. 441.

Toxikologische Chemie von Privatdozent Dr. E. Mannheim in Bonn. Mit 6 Abbildungen. Nr. 465.

Trigonometrie, Ebene und sphärische, von Prof. Dr. Gerh. Hessenberg in Breslau. Mit 70 Fig. Nr. 99.

Tropenhygiene v. Medizinalrat Prof. Dr. Nocht, Direktor des Instituts für Schiffs- und Tropenkrankheiten in Hamburg. Nr. 369.

Trust. Kartell und Trust von Dr. S. Tschierschky in Düsseldorf. Nr. 522.

Turnkunst, Geschichte der, von Dr. Rudolf Gasch, Prof. a. König-Georg-Gymnasium Dresden. Mit 17 Abbildungen. Nr. 504.

Ungarn. Landeskunde von Österreich-Ungarn von Dr. Alfred Grund, Prof. an der Universität Prag. Mit 10 Textillustr. u. 1 Karte. Nr. 244.

Ungarische Literatur, Geschichte der, von Prof. Dr. Ludwig Katona und Dr. Franz Szinnyei, beide an der Universität Budapest. Nr. 550.

Ungarische Sprachlehre v. Dr. Josef Szinnyei, o. ö. Prof. an der Universität Budapest. Nr. 595.

Unterrichtswesen. Geschichte d. deutschen Unterrichtswesens von Prof. Dr. Friedrich Seiler, Direktor des Kgl. Gymnasiums zu Luckau. I. Teil: Von Anfang an bis zum Ende d. 18. Jahrh. Nr. 275.

— — II. Teil: Vom Beginn des 19. Jahrhunderts bis auf die Gegenwart. Nr. 276.

Untersuchungsmethoden, Agrikulturchemische, von Prof. Dr. Emil Haselhoff, Vorsteher der landwirtschaftlichen Versuchsstation in Marburg in Hessen. Nr. 470.

Urgeschichte der Menschheit von Dr. Moritz Hoernes, Professor an der Universität Wien. Mit 53 Abbild. Nr. 42.

Urheberrecht, Das, an Werken der Literatur und der Tonkunst, das Verlagsrecht und das Urheberrecht an Werken d. bildenden Künste u. Photographie v. Staatsanw. Dr. J. Schlittgen in Chemnitz. Nr. 361.

— **Das deutsche,** an literarischen, künstlerischen u. gewerbl. Schöpfungen, mit besonderer Berücksichtigung der internationalen Verträge von Dr. Gustav Rauter, Patentanwalt in Charlottenburg. Nr. 263.

Urzeit. Kultur der Urzeit von Dr. Moritz Hoernes, o. ö. Prof. an der Univ. Wien. 3 Bändch. **I:** Steinzeit. Mit 40 Bildergrupp. Nr. 564.

— — **II:** Bronzezeit. Mit 36 Bildergruppen. Nr. 565.

— — **III:** Eisenzeit. Mit 35 Bildergruppen. Nr. 566.

Vektoralanalysis v. Dr. Siegfr. Valentiner, Prof. an der Bergakademie in Clausthal. Mit 11 Figuren. Nr. 354.

Veranschlagen, Das, im Hochbau. Kurzgefaßtes Handbuch üb. d. Wesen d. Kostenanschlags v. Architekt Emil Beutinger, Assistent an der Technischen Hochschule in Darmstadt. Mit vielen Fig. Nr. 385.

Vereinigte Staaten. Landeskunde der Vereinigten Staaten von Nordamerika von Professor Heinrich Fischer, Oberlehrer am Luisenstädt. Realgymnasium in Berlin. I. Teil: Mit 22 Karten und Figuren im Text und 14 Tafeln. Nr. 381.

— — **II. Teil:** Mit 3 Karten im Text, 17 Taf. u. 1 lith. Karte. Nr. 382.

Vergil. Die Gedichte des P. Vergilius Maro. In Auswahl mit einer Einleitung u. Anmerkungen herausgeg. von Dr. Julius Ziehen. **I:** Einleitung und Aeneis. Nr. 497.

Vermessungskunde von Dipl.-Ing. P. Werkmeister, Oberlehrer an der Kais. Techn. Schule in Straßburg i. E. **I:** Feldmessen und Nivellieren. Mit 146 Abb. Nr. 468.

— — **II:** Der Theodolit. Trigonometrische u. barometr. Höhenmessung. Tachymetrie. Mit 109 Abbildungen. Nr. 469.

Versicherungsmathematik von Dr. Alfred Loewy, Professor an der Universität Freiburg i. B. Nr. 180.

Versicherungswesen, Das, von Dr. iur. Paul Moldenhauer, Professor der Versicherungswissenschaft an der Handelshochschule Köln. **I:** Allgemeine Versicherungslehre. Nr. 262.

Völkerkunde v. Dr. Michael Haberlandt, k. u. k. Kustos d. ethnogr. Sammlung d. naturhist. Hofmuseums u. Privatdozent a. d. Univ. Wien. Mit 56 Abbild. Nr. 73.

Völkernamen. Länder- u. Völkernamen von Dr. Rudolf Kleinpaul in Leipzig. Nr. 478.

Volksbibliotheken (Bücher- u. Lesehallen), ihre Einrichtung u. Verwaltung v. Emil Jaeschke, Stadtbibliothekar in Elberfeld. Nr. 332.

Volkslied, Das deutsche, ausgewählt und erläutert von Prof. Dr. Jul. Sahr. 2 Bändchen. Nr. 25, 132.

Volkswirtschaftslehre von Dr. Carl Johs. Fuchs, Professor an der Universität Tübingen. Nr. 133.

Volkswirtschaftspolitik v. Präsident Dr. R. van der Borght, Berlin. Nr. 177.

Wahrscheinlichkeitsrechnung von Dr. Franz Hack, Professor am Eberhard-Ludwigs-Gymnasium in Stuttgart. Mit 15 Fig. im Text. Nr. 508.

Waldeck. Landeskunde des Großherzogtums Hessen, der Provinz Hessen-Nassau und des Fürstentums Waldeck von Professor Dr. Georg Greim in Darmstadt. Mit 13 Abbildungen und 1 Karte. Nr. 376.

Waltharilied, Das, im Versmaße der Urschrift übersetzt u. erläutert von Prof. Dr. H. Althof, Oberlehrer am Realgymnas. in Weimar. Nr. 46.

Walther von der Vogelweide, mit Auswahl a. Minnesang u. Spruchdichtung. Mit Anmerkgn. u. einem Wörterbuch v. Otto Güntter, Prof. a. d. Oberrealschule und an der Techn. Hochsch. in Stuttgart. Nr. 23.

Walzwerke. Die, Einrichtung und Betrieb. Von Dipl.-Ing. A. Holverscheid, Oberlehrer a. d. Kgl. Maschinenbau- u. Hüttenschule in Duisburg. Mit 151 Abbild. Nr. 580.

Warenkunde von Dr. Karl Hassack, Prof. u. Leiter der k. k. Handelsakademie in Graz. **I. Teil:** Unorganische Waren. M. 40 Abb. Nr. 222.

— — **II. Teil:** Organische Waren. Mit 36 Abbildungen. Nr. 223.

Weitere Bände sind in Vorbereitung.

Kolibri 360 GmbH
Ferdinand-Jühlke-Straße 7
99095 Erfurt, Deutschland
produktsicherheit@kolibri360.de